江苏省农业三新工程

农业新品种 新技术 新模式丛书

超级稻
精确定量栽培技术

邓建平
杨洪建　编著
李　杰

中国农业科学技术出版社

图书在版编目（CIP）数据

超级稻精确定量栽培技术／邓建平，杨洪建，李杰编著．—北京：中国农业科学技术出版社，2014.10

ISBN 978 - 7 - 5116 - 1609 - 8

Ⅰ. ①超…　Ⅱ. ①邓…②杨…③李…　Ⅲ. ①稻 - 栽培技术　Ⅳ. ①S511

中国版本图书馆 CIP 数据核字（2014）第 068617 号

责任编辑　贺可香
责任校对　贾晓红

出 版 者　中国农业科学技术出版社
　　　　　北京市中关村南大街 12 号　邮编：100081
电　　话　(010) 82106638（编辑室）　(010) 82106624（发行部）
　　　　　(010) 82109703（读者服务部）
传　　真　(010) 82106650
网　　址　http://www.castp.cn
经 销 者　各地新华书店
印 刷 者　北京富泰印刷有限责任公司
开　　本　710 mm × 1 000 mm　1/16
印　　张　9
字　　数　150 千字
版　　次　2014 年 10 月第 1 版　2014 年 10 月第 1 次印刷
定　　价　32.00 元

《超级稻精确定量栽培技术》编委会

前　　言

　　江苏省农业"三新"工程是江苏省农业委员会、江苏省财政厅联合实施的一项重大农业科技推广专项，旨在支持农业新品种、新技术、新模式的集成示范与推广普及。该专项的实施为农业先进实用技术集成推广、培养农业实用科技人才发挥了重要作用，有效地促进了全省粮食增产、农业增效和农民增收。

　　为进一步提高江苏省"三新"三新工程项目实施效果，着力推进项目实施的组织化、系统化和科学化，自2010年起，项目实施与省农业重大技术推广计划紧密衔接，实行"三新"工程重大技术推广协作组制度，每个协作组设一名首席专家，负责指导协作组内专题项目实施。各协作组针对每项重大技术的特点与生产需求，认真组织实施专题推广项目，包括制作一套技术推广挂图、摄录一部技术推广教学片、编写一本技术培训教材。我们将这套图文并茂、深入浅出的技术物化成果，结集出版为《农业新品种　新技术　新模式丛书》，主要面向广大农民及基层农技人员，宣传和推广农业重大技术，进一步扩大技术推广覆盖面，加快推进现代农业建设。

　　本套丛书的编写，得到全省各级农业部门、有关单位的大力支持，在此表示衷心感谢。

编委会

目　　录

第一章 超级稻生产概述

第一节 超级稻研究背景

进入 21 世纪以后，中国粮食生产面临严峻形势，粮食总产连续几年下降，粮食安全问题突显，尽管 2004 年以来实现了粮食的恢复性增长，但仍不能掉以轻心。我国耕地面积不到全世界的 7%，却需要养活占世界 22% 的人口。同时，2030 年我国人口将达到 16 亿，粮食需求量将达到 6.93 亿 t。而在相当长一段时间内，耕地面积逐渐减少的趋势不可逆转，在我国人口快速增长的形势下，解决问题的关键在于提高粮食单产。

水稻作为三大禾谷类作物之一，是我国第一大粮食作物，常年种植面积在 4 亿亩（15 亩 = 1hm²，全书同）以上，占粮食播种面积的近 30%，产量占粮食总产的近 40%，且稻米是我国一半以上人口的主食。因此，水稻生产事关我国的粮食安全与食物安全，水稻的高产、超高产研究不容忽视。

一、超级稻育种研究

超级稻计划又叫水稻超高产育种计划，培育超高产水稻品种一直是水稻研究的重点、热点和难点，国内外农业专家们对水稻超高产研究进行了大量积极的探索。1981 年，日本率先启动了水稻超高产育种计划，其目标是 15 年内育成比原有品种增产 50% 的超高产品种，即到 1995

年，将产量由 $6 \sim 7.875t/hm^2$ 提高到 $9 \sim 12t/hm^2$。在随后的 8 年时间内，育成了明之星、秋力等 5 个水稻品种，其小面积产量已接近 $10t/hm^2$。但这些品种大多在抗寒性、品质和结实率方面存在问题，因而没有得到大面积推广。

1989 年，国际水稻研究所提出了培育"超级稻"（后改称"新株型"）育种计划，目标是到 2000 年育成比当时品种增产 20% ~ 25% 的品种，其产量潜力可达 $12t/hm^2$，但也由于同样的原因，不得不对其设计进行修改。后来确定育种目标是到 2005 年育成增产 20% ~ 30%，产量潜力达 $13 \sim 15t/hm^2$ 的新品种。虽也育成了一些新品系，且部分新品系具有少蘗、大穗、壮秆、直立叶、库大粒多、产量潜力高的特点，但仍存在籽粒不饱满、结实率低、生物产量不足、主要病虫害抗性较差等明显缺陷。

1996 年，我国启动了"中国超级稻育种计划"，由农业部组织实施。其育种目标是到 2000 年实现增产 15%，到 2005 年增产 30%，使我国水稻产量实现继矮秆水稻培育成功与杂交稻研究成功之后的第三次飞跃。在单产水平上，我国超级稻育种研究确定了"三步走"计划：第一期目标是到 2000 年实现单产 $10.5t/hm^2$，第二期目标是到 2005 年实现单产 $12.0t/hm^2$，第三期目标是到 2010 年实现单产 $13.5t/hm^2$。

二、超级稻栽培技术研究

近年来超级稻栽培技术在全国不同稻区也取得了突破性进展。在超级稻示范推广的同时各地根据区域生态特点结合当地主推品种特性，集成了一批超级稻超高产栽培技术。如江苏研究集成"超级稻精确定量超高产栽培技术体系"，即采用偏迟熟超级稻品种，通过"精苗稳前 - 控蘗优中 - 大穗强后"的栽培途径实现超级稻超高产。湖南研究提出了"壮秆重穗超高产栽培法"，即选用分蘗能力中等、株高中等或偏矮秆（90 ~ 100cm），大穗型（120 ~ 170 粒）品种，采用壮秆重穗栽培法，运用"稳前攻中促后"的水肥运筹原则，以壮秆大穗和高结实率而获得高产。国家杂交水稻工程技术研究中心针对三熟制双季稻生长季节紧张的实际，研究提出"高中壮"满负荷超高产栽培，即高起点、中群体、壮根、壮穗、满负荷运转的综合配套技术体系。中国水稻研究所以超级稻协优9308为核心材料，将培育壮秧、宽行稀植、精确施肥、定量控蘖、化学调节、好气灌溉、病虫草综合防治等技术组装配套为"后期功能型"超高产栽培，通过改善根系生长和活力，提高后期物质生产能力，取得了大面积均衡高产，而且获得较好的经济效益。安徽研究提出采用生育期适中偏长超级稻品种，通过适当早播、合理稀播培育壮秧增加积温，大田早期迅速创建一个较大的叶面积指数、促进水稻群体尽早进入光合适期，生育中期壮秆强根、延长有效叶面积高值期，生育后期补充营养、湿润灌溉增强群体活力和抗逆性、减缓高效叶面积下降速率以补偿群体光合势的超级稻"补偿超高产栽培"的技术思路。

另外，在长江流域还有超级稻强化栽培技术体系，即以"合理稀植、乳苗移栽、定量控苗、精确施肥、好气灌溉、病虫害综合防治"等为核心技术，为南方的超级稻大面积示范推广提供技术支撑。东北寒地水稻在超稀植技术的基础上，选用优质超级稻，实行宽行、单双本超稀植，实现持续超高产的"三超"栽培技术模式，就是以选用优质超级稻品种为前提，多蘖壮秧为基础，宽行单双本为核心，深施肥、控灌水为关键，以防止病、虫害为保证，以培肥地力持续高产为目标的一种综合栽培模式。

根据超级稻的特征特性，超级稻高产栽培中需要解决的问题：①如何协调群体与个体、营养生长和生殖生长、穗数和粒数、群体数量和质量之间的矛盾；②要分析超级稻栽培群体各项数量状况与高产的关系，明确超级稻栽培中各项数量指标的最适范围，形成有利于超级稻栽培的群体质量指标；③怎样通过栽培措施塑造理想株型和高光效群体，形成前松后紧、前披后挺植株形态；④如何使栽培技术措施定量化和技术配套化。

针对上述问题，结合近年各地超级稻超高产示范实践分析，超级稻超高产的策略如下：①以适量的群体穗数与较大的穗型协调产出足够的群体总颖花量，并保持正常的结实率与粒重，因种形成相应的高产结构；②适度稀植，强化个体分蘖形成足量大穗，以群体结构与株型结构的协调，有效地提升群体库容量和抗倒能力；③以科学的肥水管理措施调控茎蘖动态与叶面积指数动态，合理增加中期物质生长量，提高后期生长量与最终生物学产量；④强健中期茎秆和根系，增加中、后期养分的吸收，保持后期高效叶面积，为群体中、后期具有较高物质生产力提供相应的地下部基础和壮而不衰的支撑系、光合系。

第二节　超级稻研究目标

中国超级稻育种是我国水稻矮化育种和杂种优势利用的深入，与超高产育种的区别就在于超级稻育种突出了理想株型的构建与籼粳亚种间强杂种优势利用相结合的技术路线。1996 年 6 月，农业部在沈阳农业大学主持召开了"中国超级稻研究会议"，标志着中国超级稻研究正式启动，确立了常规稻和杂交稻并举、三系法和两系法并重、生物技术与常规技术相结合的发展思路，在着力提高产量潜力的同时，注重改善稻米品质、增强抗病虫性和生态适应性。

一、超级稻的四期目标

自 1996 年农业部立项启动"中国超级稻育种计划"，经国内育种专家广泛讨论，确定中国超级稻育种的一、二、三期目标。第一期育种目标为 2000 年亩产达到 700kg；第二期育种目标为 2005 年亩产达到 800kg；第三期育种目标为 2010 年亩（667m^2。全书同）产达到 900kg（一季亩产 900kg，早稻亩产 650kg，晚稻亩产 700kg）。2013 年，农业部启动实施"中国千公斤超级稻攻关计划"，即超级稻四期目标，将集中全国水稻育种优势力量，通过联合协作攻关，综合运用株、叶形态和根系形态改良技术、籼粳亚种间杂种优势利用技术与分子设计育种技术，选育出在我国水稻主产区（以长江中下游稻区为主）百亩方实现亩产 1 000kg 以上的超级稻品种；并创建适合超级杂交稻形态和生理特点、有利于发挥优异潜能的新的水稻栽培技术体系。

二、超级稻四期目标的进展

我国超级稻研究起步虽晚，但研究目标可行、技术路线正确，经过十余年的研究，取得了显著的成绩。"中国超级稻育种计划"实施以来，在袁隆平院士技术路线——"株叶形态改良与亚种间杂种优势利用相结合"的指引下，全国20多个科研团队历经17年的联合协作攻关，在超级稻育种理论、育种材料创制和新品种选育与推广方面取得了重大突破。2000年，超级杂交稻成功实现百亩示范片亩产700kg的第一期目标；2004年，超级杂交稻提前实现百亩示范片亩产800kg的第二期目标，比原定计划提前了一年；2011年，超级杂交稻成功突破百亩示范片亩产900kg的第三期目标，由袁隆平院士指导的"Y两优2号"隆回县百亩试验田经农业部组织专家验收亩产达到926.6kg，创中国大面积水稻亩产最高纪录。2012年，水稻主产区又出现小面积亩产超1 000kg的杂交稻品种。

第三节 超级稻品种概念

超级稻从广义来说，是在各个主要性状方面如产量、米质、抗性等均显著超过现有品种（组合）的水平；从狭义来说，是指在抗性和米质与对照品种（组合）相仿的基础上，产量有大幅度提高的新品种（组合）。一般超级稻是指狭义的概念，即超高产水稻。有关超高产水稻，日本提出的指标是单位面积产量超过对照品种秋光50%；国际水稻所提出的指标是稻谷产量潜力达到800kg/亩。我国1996年立项的"中国超级稻"育种计划要求的产量指标见表1-1。

表1-1 超级稻品种（组合）产量指标

类型阶段	常规品种（kg/亩）				杂交水稻（kg/亩）			增产幅度（%）
	早籼	早中晚兼用籼	南方单季粳	北方粳	早籼	单季籼粳	晚籼	
现有高产水平	450	500	500	550	500	550	500	—

（续表）

类型阶段	常规品种（kg/亩）				杂交水稻（kg/亩）			增产幅度（%）
	早籼	早中晚兼用籼	南方单季粳	北方粳	早籼	单季籼粳	晚籼	
1996—2000 年指标	600	650	650	700	650	700	650	>15
200—2005 年指标	700	750	750	800	750	800	750	>30

注：表中产量指连续 2 年在生态区内 2 个点，每点 100 亩面积上的表现

　　袁隆平院士提出，超级稻的产量指标应随时代、生态地区和种植季别的不同而异，在育种计划中以单位面积日产量作指标比较合理，建议在"九五"到"十五"期间，我国超高产杂交水稻的育种指标是：每公顷稻田每日稻谷产量 100kg，米质达到部颁二级以上优质米标准，抗两种以上主要病虫害。同时，袁隆平院士提出了"二步走"研究策略：第一步，2000 年选育出达到准超高产的杂交稻，即达到农业部新制定的第一期指标；第二步，2003 年选育出达到超高产指标的超级杂交稻，实现每公顷日产量 100kg。

　　中国农业部超级稻品种确认办法中对超级稻的定义为，超级稻品种（组合）是指采用理想株型塑造与杂种优势利用相结合的技术路线等途径育成的产量潜力大、配套超高产栽培技术后比现有水稻品种在产量上有大幅度提高并兼顾品质与抗性的水稻新品种。因此，超级稻可以理解为：通过选育理想株型与利用杂种优势相结合，单产大幅度提高、品质优良、抗性较强的超高产水稻，包括粳型常规稻、籼型常规稻、籼型两系杂交稻和籼型三系杂交稻等品种类型。农业部 2005 年发布的《超级稻品种确认办法（试行）》中超级稻品种的各项指标见表 1 - 2。

表 1 - 2　2005 年国家农业部超级稻品种产量、品质和抗性指标

区域		长江流域早稻	东北早熟粳稻、长江流域中熟晚稻	华南早晚兼用稻、长江流域迟熟晚稻	长江流域一季稻、东北中熟粳稻	长江上游迟熟一季稻、东北迟熟粳稻
生育期（d）		102～112	110～120	121～130	135～155	156～170
产量（kg/亩）	耐肥型	600	680	720	780	850
	广适型	省级以上区试平均增产 8% 以上，生育期与对照相近				

（续表）

区域	长江流域早稻	东北早熟粳稻、长江流域中熟晚稻	华南早晚兼用稻、长江流域迟熟晚稻	长江流域一季稻、东北中熟粳稻	长江上游迟熟一季稻、东北迟熟粳稻
生育期（d）	102～112	110～120	121～130	135～155	156～170
品质	北方粳稻达到部颁2级米以上（含）标准，南方晚籼达到部颁3级米以上（含）标准，南方早籼和一季稻达到部颁4级米以上（含）标准				
抗性	抗当地1～2种主要病害				

注：在相同生育期，北方粳稻产量比南方籼稻低20kg

　　超级稻品种确认试行办法发布以来，经不断研究与修改完善，农业部于2008年制定发布了现行的超级稻品种确认办法，办法中对超级稻品种的产量、品质和抗性等方面性状都做出了具体的要求，对通过认定达到各项指标要求的品种，农业部确认为"超级稻"品种。2008年农业部超级稻品种各项主要指标详见第四节超级稻品种确认办法。

　　张启发院士"绿色超级稻培育"的设想：绿色超级水稻培育的基本思路是将品种资源研究、基因组研究和分子技术育种紧密结合，加强抗病、抗虫、抗逆、营养高效、高产、优质等重要性状生物学基础的研究和基因发掘，进行品种改良，培育大批抗病、抗虫、抗逆、营养高效、高产、优质的新品种。实现"基本不打农药，大量少施化肥，节水抗旱"等"绿色水稻"的目标。

第四节　超级稻品种确认办法

　　为了规范超级稻品种的管理，确保超级稻的品牌质量，给全国水稻产区推荐符合超级稻标准的优良水稻品种，农业部在2005年制定印发了《超级稻品种确认办法（试行）》。通过几年的实践，不断修改和完善，2008年制定印发了《超级稻品种确认办法》（农办科〔2008〕38号），共分6章、18条，其主要内容如下。

一、超级稻品种指标

超级稻品种在产量、品质和抗性等方面都有具体的指标要求。农业部通过认定，对达到各项指标的品种确认为"超级稻"品种（表1-3）。

表1-3 超级稻品种各项主要指标

区域	长江流域早熟早稻	长江流域中迟熟早稻	长江流域中熟晚稻；华南感光型晚稻	华南早晚兼用稻；长江流域迟熟晚稻；东北早熟早稻	长江流域一季稻；东北中熟粳稻	长江上游迟熟一季稻；东北迟熟粳稻
全生育期天数（d）	≤105	≤115	≤125	≤132	≤158	≤170
百亩方产量（kg/亩）	≥550	≥600	≥660	≥720	≥780	≥850
品质	北方粳稻达到部颁二级米以上（含）标准，南方晚籼达到部颁三级米以上（含）标准，南方早籼和一季稻达到部颁四级米以上（含）标准					
抗性	抗当地1～2种主要病虫害					
生产应用面积	品种审定后2年内生产应用面积达到年5万亩以上					

超级稻认定示范年限：在省级（含）以上品种区域试验中，生育期与对照相近、两年平均增产8%以上的水稻品种，可进行一年百亩示范方验收；区试产量低于对照8%的品种，需进行两年不同地点的百亩示范方验收。北方粳稻在相同生育期内百亩示范方产量可在上表产量指标基础上降低20kg/亩。

二、百亩示范方测产验收

（一）验收组织

百亩示范方测产验收由农业部委托省级人民政府农业行政主管部门组织。

（二）验收申请

由育种人在测产验收2个月前向省级人民政府农业行政主管部门提出申请，并提供在水稻主产区建立的测产验收百亩示范方的地点、面积、品种名称及特性、种植情况、预期产量等资料。

（三）专家组成

验收专家组须由 7 名（包括农业部推荐 1～2 名）以上省级以上科研、教学、推广部门水稻科技专家组成，其中推广部门的专家不少于 50%。验收专家实行回避制，即育种家和所在单位专家不参与自育品种的验收工作。

（四）测产程序

1. 生长情况考察

验收专家组对百亩示范方进行整体考察，了解长势平衡程度、抗性及与申报材料的一致性。

2. 田块选择

须对百亩连片示范方田块编号，随机抽取 3 块田进行实收测产。

3. 收割脱粒

对所选 3 块田每块进行实割 500m² 以上。脱粒、去杂、装袋后过秤，记录装袋数量和鲜谷重量，计算总重量（以"kg"为单位，用 W_1、W_2、W_3 表示）。

4. 丈量面积

由验收专家对实际收割面积进行丈量并记录（以"m²"为计量单位，用 S_1、S_2、S_3 表示）。

5. 测定杂质

每个实收田块随机抽取实收稻谷数量的 1/10 左右进行称重、去杂，称取去杂后的重量，测定稻谷杂质含量（以"%"为单位，用 I_1、I_2、I_3 表示）。

6. 测定含水量和空瘪率

每个实收田块随机抽取去杂后的稻谷 1kg 测定水分和空瘪率。稻谷要烘干到含水量 20% 以下，剔出空瘪粒，测定空瘪率（以"%"为单位，用 E_1、E_2、E_3 表示）。再用水分速测仪进行水分含量测定，重复 10 次取平均值（以"%"为单位，用 M_1、M_2、M_3 表示）。

7. 产量计算

百亩示范方实际平均单位产量（以"kg/亩"为单位，用 Y 表示）以实割各点产量（Y_1、Y_2、Y_3）的算术平均值为该百亩示范方产量。计算公式为：

$$Y_1 = (667/S_1) \times W_1 \times (1 - 1_1) \times (1 - E_1) \times [(1 - M_1) / (1 - M)]$$

$$Y_2 = (667/S_2) \times W_2 \times (1 - 1_2) \times (1 - E_2) \times [(1 - M_2) / (1 - M)]$$

$$Y_3 = (667/S_3) \times W_3 \times (1 - 1_3) \times (1 - E_3) \times [(1 - M_3) / (1 - M)]$$

$$Y = (Y_1 + Y_2 + Y_3) / 3$$

式中，M 为标准干谷含水率：籼稻取值 13.5%，粳稻取值 14.5%。

8. 出具验收报告

验收专家组根据百亩示范方的实测产量、整体长势平衡程度、抗性等出具验收报告。

三、超级稻品种审核与确认

省级人民政府农业行政主管部门对申请确认为"超级稻"品种的相关材料进行审核，主要包括以下几项。

（一）品种基本情况

包括规范准确的品种名称、父母本来源、育成单位、育成人、适宜种植区域、主要栽培技术要点等。

（二）通过省级（含）以上品种审定情况

提供相关审定证明材料、区域试验和生产试验结果（含抗性和品质鉴定材料等）；申报品种须在审定后经过 2 年（含）以上的生产应用。

（三）百亩示范方实测验收材料

包括田块基本情况、生产管理措施、测产验收过程、验收专家组成员名单、测产结果及专家签字等相关证明材料。

（四）示范应用材料

省级（含）以上农作物种子管理部门出具的示范应用证明材料。

（五）材料报送

省级人民政府农业行政主管部门将审核通过的申请确认"超级稻"的品种有关材料，以正式文件形式统一报送农业部科技教育司。

（六）评审确认

农业部科技教育司和种植业管理司联合组织专家，对省级人民政府农业行政主管部门报送的有关材料进行书面评审，达到超级稻主要指标要求并经专家评审通过的品种确认为新增超级稻品种。

农业部超级稻品种确认于每年年初进行一次，材料上报截止日期为上年12月31日。

超级稻品种名称中不得有"超级"等类似字样。

四、超级稻品种的冠名退出

对确认为农业部超级稻的品种实行冠名退出制度，以农业部文件公告为准。出现下列情况的，不再冠名"超级稻"。

1. 品种已退出省级（含）以上农作物品种管理部门的审定登记。

2. 品种在生产上暴露出重大缺陷，或因品种问题给农业生产造成重大经济损失。

3. 品种确认为超级稻后3年内年生产应用面积最高不到30万亩。

第五节 超级稻品种特性

与普通水稻品种相比，超级稻品种具有穗大粒多、高产优质、分蘖适中、剑叶挺直、植株矮中求高、茎秆坚韧抗倒、适应性广及光合效率高、根系活力强的特征特性。

一、穗大粒多，库大源相对不足

穗大粒多是超级稻的一个非常重要和明显的特征，超级稻品种大多每穗粒数在 150 粒以上。大穗的优点是可以增加田间的颖花数和只需较少的茎蘖就可以获得高产所需的颖花量，超级稻比普通水稻增产主要因子是提高每穗粒数。

大穗的缺点是由于单茎的颖花量多，也会带来库大源不足的矛盾，导致籽粒结实率较低、充实度不够，尤其是弱势粒的结实率低、粒重不足等问题。在生产上表现超级稻的产量潜力高但波动性大。

二、株型好，产量潜力高

与普通水稻相比，超级稻的植株较高大、茎秆粗壮坚韧、叶色较绿，株型紧凑，倒 3 叶厚、硬、直立。超级稻分蘖力适中，在秧苗期的生长优势为正常秧龄情况下易培育出带蘖壮秧，本田期返青快、低节位分蘖多，群体发展协调。

水稻的世界高产纪录不断被超级稻品种刷新。2001 年超级稻特优 175 和 Ⅱ 优明 86 水稻实割单产分别为 1 185.5kg/亩和 1 196.5kg/亩，刷新了印度 1974 年创造的世界水稻高产纪录。2004 年 Ⅱ 优明 86 单产 1 219.9kg/亩，2005 年 Ⅱ 优 28 单产 1 229.97kg/亩，连续 2 年刷新世界水稻高产纪录。2006 年协优 107 单产 1 287kg/亩，超级稻再次刷新世界水稻高产新纪录。

三、光合同化能力强，群体质量高

超级稻具有较高的光合同化能力，尤其是生育中后期的光合潜力大、积累的干物质多，后期普遍表现青秆黄熟，从而能制造更多的光合产物并及时向籽粒转运而形成较高的产量。齐穗期超级稻品种与对照品种不同叶位叶片光合速率的测定结果表明，超级稻组合上部 3 张叶片光合速率都高于对照品种，倒 1、倒 2 和倒 3 叶的光合速率分别比对照提高 4.5%、9.3% 和 10.0%。表明超级稻组合功能叶叶片质量好，光合作用强。

超级稻的茎蘖顶端优势较强，分蘖力往往中等，有利于本田期在早发的基础上，控制群体和减少无效分蘖。群体质量的提高使超级稻更有效地利用环境中的光、温、水、气、肥条件，是超级稻的高产的基础。

水稻产量水平达到一定的程度后，要进一步提高产量，唯有通过提高单茎（蘖）干重和个体物质生产力才能进一步发挥品种（组合）的增产潜力。

四、根系发达，对养分的吸收能力强

超级稻根系较发达、活力强，有利于水稻对土壤养分的吸收和促进地上部分的生长，而且对水分、养分胁迫等逆境的抗性较强，便于以超前搁田为主要手段的群体控制措施得以落实。

超级稻的根系活力下降缓慢，在生育后期仍然有较强的吸肥能力，抽穗后还能从土壤吸收大量的必需元素供后期生长所需。超级稻生长量大，对氮、磷、钾的总吸收量大。如协优 9308 单产 768.9kg/亩水平，氮的吸收量为 11.1kg/亩、磷为 2.6kg/亩、钾为 12.8kg/亩，比对照组合协优 63 的需求量要大，但每百千克籽粒氮磷需求量分别下降 17% 和 12%，钾需求量增加 2%。说明超级稻在肥料的利用率上比普通水稻要高。

第二章 江苏省超级稻品种简介

自 2005 年农业部开展超级稻品种认定以来，至 2013 年江苏省通过认定的超级稻品种数达 16 个，占全国 101 个超级稻品种总数的 15.8%，超级稻品种数量位居全国第一。江苏省超级稻品种籼、粳齐全，熟期配套，基本可以满足全省不同生态稻区生产发展需求。

第一节 粳型超级稻

一、武粳 15

2004 年江苏省审定，审定编号：苏审稻 200418。

2006 年通过农业部超级稻品种认定。

来源与类型：原名"优粳 5356"，由常州市武进区稻麦育种场以早丰 9 号/春江 03//武运粳 7 号杂交，于 1999 年育成，属早熟晚粳稻品种。

适种地区：该品种产量水平较高，抗性好，品质优，生育期适中，适宜江苏省沿江及苏南地区中上等肥力条件下种植。

产量表现：2002—2003 年参加江苏省区试，2002 年平均亩产 674.20kg，较对照武运粳 7 号减产 0.99%，不显著，2003 年平均亩产 628.36kg，较对照增产 3.13%，极显著，两年平均亩产 651.28kg，较对照增产 1.07%；2003 年在区试同时组织生产试验，平均亩产 595.64kg，较对照增产 2.17%。每亩有效穗数 20 万左右，每穗实粒数

120 粒左右，结实率 93% 左右，千粒重 27.5g。

特征特性：株高 100cm 左右，全生育期 156d 左右，较武运粳 7 号早 1～2d。该品种株型较紧凑，株型清秀，叶片挺举，叶色淡绿，穗型较大，分蘖性较强，抗倒性较好，接种鉴定抗穗颈瘟、白叶枯病、感纹枯病，后期熟相好，较易落粒。据农业部稻米及制品质量检测中心 2002 年检测，整精米率 68.8%，垩白粒率 28%，垩白度 3.5%，胶稠度 79mm，直链淀粉含量 15.6%，米质理化指标达到国标三级优质稻谷标准。

二、宁粳 1 号

2004 年江苏省审定，审定编号：苏审稻 200417。

2007 年通过农业部超级稻品种认定。

来源与类型：原名"W001"，由南京农业大学水稻研究所以武运粳 8 号/W3668 杂交，于 2001 年育成，属早熟晚粳稻品种。

适种地区：该品种丰产性、抗性较好，米质优，生育期适中，适宜江苏省沿江及苏南地区中上等肥力条件下种植。

产量表现：2002—2003 年参加江苏省区试，2002 年平均亩产 674.6kg，较对照武运粳 7 号减产 0.93%，2003 年平均亩产 605.2kg，较对照减产 0.68%，均不显著，两年平均亩产 639.9kg，较对照减产 0.81%；2003 年在区试同时组织生产试验，平均亩产 593.6kg，较对照增产 1.82%。每亩有效穗数 21 万左右，每穗实粒数 113 粒左右，结实率 91% 左右，千粒重 28g 左右。

特征特性：株高 97cm 左右，全生育期 156d 左右，较武运粳 7 号早 1～2d。该品种株型集散适中，生长清秀，叶片挺举，叶色较淡，穗型中等，分蘖性较强，抗倒性较好，接种鉴定中抗穗颈瘟、抗白叶枯病，感纹枯病，后期熟相好，较易落粒。据农业部食品质量检测中心 2003 年检测，整精米率 66.6%，垩白粒率 29%，垩白度 4.8%，胶稠度 82mm，直链淀粉含量 17.17%，米质理化指标达到国标三级优质稻谷标准。

三、扬粳 4038

2008 年江苏省审定，审定编号：苏审稻 200810。

2010 年通过农业部超级稻品种认定。

来源与类型：由江苏里下河地区农业科学研究所以镇香 24/武运粳 8 号//常 9363 杂交，于 2004 年育成，属早熟晚粳稻品种。

适种地区：适宜江苏省沿江及苏南地区中上等肥力条件下种植。

产量水平：2006—2007 年参加江苏省区试，两年平均亩产 656.7kg，较对照武运粳 7 号增产 12.6%，两年增产均极显著；2007 年生产试验平均亩产 615.9kg，较对照增产 18.0%。省区试平均结果：每亩有效穗数 19.7 万，每穗实粒数 133.1 粒，结实率 91.5%，千粒重 26.4g。

特征特性：株高 108.6cm，全生育期 159d，较对照早熟 1～2d。该品种株型较紧凑，长势较旺，穗型较大，分蘖力较强，叶色深绿，群体整齐度较好，后期熟色较好，抗倒性较强；接种鉴定中感白叶枯病，感穗颈瘟、纹枯病；条纹叶枯病 2006—2007 年田间种植鉴定最高穴发病率 16.1%（感病对照两年平均穴发病率 70.5%）；米质理化指标据农业部食品质量检测中心 2007 年检测，整精米率 62.6%，垩白粒率 23.0%，垩白度 1.4%，胶稠度 84.0mm，直链淀粉含量 17.1%，达到国标三级优质稻谷标准。

四、南粳 44

2007 年江苏省审定，审定编号：苏审稻 200709。

2010 年通过农业部超级稻品种认定。

来源与类型：原名"宁 4009"，由江苏省农业科学院粮食作物研究所经南粳 38 系统选育，于 2004 年育成，属早熟晚粳稻品种。

适种地区：适宜江苏省沿江及苏南地区中上等肥力条件下种植。

产量水平：2005—2006 年参加江苏省区试，两年平均亩产 588.1kg，较对照武运粳 7 号增产 0.1%，2005 年减产不显著，2006 年增产显著；2006 年生产试验平均亩产 624.9kg，较对照增产 7.1%。每亩有效穗数 19 万左右，每穗实粒数 130 粒左右，结实率 90% 左右，千粒重 26g 左右。

特征特性：株高 100cm 左右，全生育期 158d 左右，较对照早熟 1~2d。该品种株型紧凑，长势较旺，穗型中等，分蘖力较强，叶色浅绿，群体整齐度好，后期熟色好，抗倒性强；接种鉴定中感白叶枯病，感穗颈瘟，高感纹枯病；条纹叶枯病 2005—2006 年田间种植鉴定最高穴发病率 19.5%（感病对照两年平均穴发病率 87.6%）；品质据农业部食品质量检测中心 2006 年检测，整精米率 62.0%，垩白粒率 28.0%，垩白度 2.2%，胶稠度 78.0mm，直链淀粉含量 15.5%，米质理化指标达到国标三级优质稻谷标准。

五、宁粳 3 号

2008 年江苏省审定，审定编号：苏审稻 200809。

2010 年通过农业部超级稻品种认定。

来源与类型：原名"W006"，由南京农业大学农学院以宁粳 1 号（W001）／宁粳 2 号（W262），于 2004 年育成，属早熟晚粳稻品种。

适种地区：适宜江苏省沿江及苏南地区中上等肥力条件下种植。

产量水平：2006—2007 年参加江苏省区试，两年平均亩产 638.5kg，较对照武运粳 7 号增产 9.4%，两年增产均极显著；2007 年生产试验平均亩产 607.8kg，较对照增产 16.4%。省区试平均结果：每亩有效穗数 20.2 万，每穗实粒数 127.5 粒，结实率 91.2%，千粒重 26.0g。

特征特性：株高 98.6cm，全生育期 159d，较对照早熟 1~2d。该品种株型紧凑，长势较旺，穗型中等，分蘖力较强，叶色浅绿，群体整齐度较好，后期熟色较好，抗倒性较强；接种鉴定中感白叶枯病，感穗颈瘟、纹枯病；条纹叶枯病 2006—2007 年田间种植鉴定最高穴发病率 20.7%（感病对照两年平均穴发病率 70.5%）；米质理化指标据农业部食品质量检测中心 2007 年检测，整精米率 62.4%，垩白粒率 28.0%，垩白度 3.0%，胶稠度 82.0mm，直链淀粉含量 16.8%，达到国标三级优质稻谷标准。

六、镇稻 11 号

2010 年江苏省审定，审定编号：苏审稻 201015。

2013 年通过农业部超级稻品种认定。

来源与类型：原名"镇稻 413"，由江苏丘陵地区镇江农业科学研究所以镇稻 88/武运粳 8 号杂交，于 2004 年育成，属早熟晚粳稻品种。

适种地区：适宜江苏省沿江及苏南地区种植。

产量水平：2008—2009 年参加江苏省区试，两年平均亩产639.8kg，2008 年比对照武运粳 7 号增产 9.3%，2009 年比对照宁粳 1号增产 10.4%，两年增产均达极显著水平；2009 年生产试验平均亩产660.6kg，比对照武运粳 7 号增产 9.9%。省区试平均结果：每亩有效穗数 20.3 万，每穗实粒数 122 粒，结实率 92.3%，千粒重 26.5g。

特征特性：株高 100cm，全生育期 160d，与对照武运粳 7 号相当。该品种株型较紧凑，长势较旺，穗型较大，分蘖力中等，叶色中绿，后期熟色好，抗倒性较强；接种鉴定中抗白叶枯病，感穗颈瘟，中感纹枯病，抗条纹叶枯病，2008—2009 年田间种植鉴定最高穴发病率 14.6%（感病对照 3 年平均穴发病率 60.55%）；米质理化指标根据农业部食品质量检测中心 2009 年检测，整精米率 71.4%，垩白率 12%，垩白度1.2%，胶稠度 86mm，直链淀粉含量 17.7%，达到国标二级优质稻谷标准。

七、扬粳 4227

2009 年江苏省审定，审定编号：苏审稻 200912。

2013 年通过农业部超级稻品种认定。

来源与类型：由江苏里下河地区农业科学研究所以扬粳 7057/黄叶9520，于 2004 年育成，属早熟晚粳稻品种。

适种地区：适宜江苏省沿江及苏南地区中上等肥力条件下搭配种植。

产量水平：2006—2007 年参加江苏省区试，两年平均亩产613.9kg，较对照武运粳 7 号增产 5.1%，2006 年增产 4.5%，2007 年增产 5.7%，两年增产均极显著；2008 年生产试验平均亩产 634.5kg，较对照武运粳 7 号增产 15.0%。省区试平均结果：每亩有效穗数 20.2 万，每穗实粒数 124.8 粒，结实率 91.0%，千粒重 27.2g。

特征特性：株高 103cm 左右，全生育期 159d 左右，较武运粳 7 号早熟 1~2d；株型集散适中，长势较旺，穗型中等，分蘖力较强，叶色浅绿，群体整齐度较好，后期熟色较好，抗倒性较强；接种鉴定中感白叶枯病，中抗穗颈瘟，高感纹枯病；条纹叶枯病 2006—2008 年田间种植鉴定最高穴发病率 38.9%（感病对照 3 年平均穴发病率 69.6%）；米质理化指标据农业部食品质量检测中心 2007 年检测，整精米率 67.4%，垩白粒率 7.0%，垩白度 0.4%，胶稠度 86.0mm，直链淀粉含量 15.8%，达到国标一级优质稻谷标准。

八、淮稻 9 号

2006 年江苏省审定，审定编号：苏审稻 200607。

2007 年通过农业部超级稻品种认定。

来源与类型：原名"淮 68"，由江苏徐淮地区淮阴农业科学研究所经淮 9712（扬稻 3 号/02428//IR26///中国 45/连粳 1 号）系统选育，于 2000 年育成，属迟熟中粳稻品种。

适种地区：适宜江苏省苏中及宁镇扬丘陵地区中上等肥力条件下种植。

产量表现：2003—2004 年参加江苏省区试，平均亩产 586.0kg，较对照武育粳 3 号增产 11.8%，达极显著水平；2005 年生产试验，平均亩产 556.3kg，较对照增产 8.5%。省区试平均结果：每亩有效穗数 20 万，每穗实粒数 100 粒，结实率 85%，千粒重 27g。

特征特性：株高 100cm 左右，全生育期 152d。接种鉴定中感穗颈瘟、白叶枯病。品质据农业部食品质量检测中心 2003—2005 年检测，整精米率 63.5%，垩白粒率 14.3%，垩白度 1.8%，胶稠度 73.0mm，直链淀粉含量 18.0%，米质理化指标达到国标三级优质稻谷标准。

九、武运粳 24 号

2010 年江苏省审定，审定编号：苏审稻 201009。

2011 年通过农业部超级稻品种认定。

来源与类型：原名"泰粳 394"，由常州市武进区农业科学研究所以农垦 57×桂花黄//9746（早熟株）杂交，于 2006 年育成，泰州市苏中种子有限公司申请审定，属迟熟中粳品种。

适种地区：适宜江苏省苏中及宁镇扬丘陵地区种植。

产量水平：2007—2008 年参加江苏省区试，两年平均亩产 607.5kg，2007 年较对照扬辐粳 8 号增产 9.4%，2008 年较对照淮稻 9 号增产 3.2%，两年增产均达极显著水平；2009 年生产试验平均亩产 627.0kg，较对照扬辐粳 8 号增产 10.6%。省区试平均结果：每亩有效穗数 20.5 万，每穗实粒数 125 粒，结实率 86.9%，千粒重 25.4g。

特征特性：株高 100cm，全生育期 156d，较对照迟熟 1～2d；株型集散适中，长势较旺，穗型中等，分蘖力较强，着粒密度中等，轻度二次灌浆，易脱粒，抗倒性中等。接种鉴定中抗白叶枯病，感穗颈瘟、纹枯病，中感条纹叶枯病，2007—2009 年田间种植鉴定最高穴发病率 24.3%（感病对照 3 年平均穴发病率 60.55%）；品质理化指标根据农业部食品质量检测中心 2009 年检测，整精米率 75.2%，垩白粒率 20.0%，垩白度 2.0%，胶稠度 82.0mm，直链淀粉含量 15.2%，达到国标二级优质稻谷标准。

十、南粳 45

2009 年江苏省审定，审定编号：苏审稻 200910。

2011 年通过农业部超级稻品种认定。

来源与类型：原名"宁 32213"，由江苏省农业科学院粮食作物研究所以中粳 315/盐 334-6//武运粳 8 号，于 2004 年育成，属迟熟中粳稻品种。

适种地区：适宜江苏省苏中及宁镇扬丘陵地区中上等肥力条件下种植。

产量水平：2006—2007 年参加江苏省区试，两年平均亩产603.1kg，2006 年较对照武育粳 3 号增产 10.6%，2007 年较对照扬辐粳 8 号增产 7.9%，两年增产均极显著；2008 年生产试验平均亩产 618.8kg，较扬辐粳 8 号增产 6.3%。省区试平均结果：每亩有效穗数 19.3 万，每穗实粒数 119.4 粒，结实率 91.2%，千粒重 28.4g。

特征特性：株高 105cm 左右，全生育期 154d 左右，较武育粳 3 号迟熟 1d；株型较紧凑，长势较旺，穗型中等，分蘖力较强，叶色淡绿，群体整齐度较好，后期熟相好，抗倒性中等；接种鉴定中抗白叶枯病，感穗颈瘟，高感纹枯病；条纹叶枯病 2006—2008 年田间种植鉴定最高穴发病率 23.3（感病对照 3 年平均穴发病率 69.6%）；米质理化指标据农业部食品质量检测中心 2006 年检测，整精米率 70.7%，垩白粒率 25.0%，垩白度 1.5%，胶稠度 80.0mm，直链淀粉含量 16.2%，达到国标三级优质稻谷标准。

十一、连粳 7 号

2010 年江苏省审定，审定编号：苏审稻 201008。

2012 年通过农业部超级稻品种认定。

来源与类型：原名"连 05-45"，由连云港市农业科学研究院以（镇稻 88×中粳 8415）F_3 为母本，（中粳川-2×武育粳 3 号）F_1 为父本杂交，于 2005 年育成，属中熟中粳稻品种。

适种地区：适宜江苏淮北地区种植。

产量水平：2007—2008 年参加江苏省区试，两年平均亩产 606.2kg，比对照镇稻 88 增产 2.7%，2007 年增产显著，2008 年增产极显著；2009 年生产试验平均亩产 670.1kg，较对照镇稻 88 增产 6.9%。省区试平均结果：每亩有效穗数 19.6 万，每穗实粒数 130 粒，结实率 90.3%，千粒重 26.6g。

特征特性：株高 98.6cm，全生育期 153d，与对照相当；株型紧凑，穗型较大，分蘖力较强，整齐度好，后期熟期转色较好，抗倒性中等。接种鉴定中感白叶枯病、纹枯病，感穗茎瘟，2007—2009 年田间种植鉴定最高穴发病率 16.7%（感病对照 3 年平均穴发病率 60.55%）；

米质理化指标根据农业部食品检测中心检测，整精米率 72.6%，垩白率 19.0%，垩白度 2.0%，胶稠度 84.0mm，直链淀粉含量 16.2%，达到国标二级优质稻谷标准。

十二、宁粳 4 号

2009 年国家审定，审定编号：国审稻 2009040。

2013 年通过农业部超级稻品种认定。

来源与类型：由南京农业大学农学院以越光为母本，以镇稻 99 为父本杂交后经 9 代自交选育而成，属中熟中粳稻品种。

适种地区：该品种熟期适中，产量高，米质较优，中抗稻瘟病。适宜在河南沿黄、山东南部、江苏淮北、安徽沿淮及淮北地区种植。

产量表现：2006 年参加黄淮粳稻组品种区域试验，平均亩产 571.4kg，比对照豫粳 6 号增产 3.3%（极显著）；2007 年续试平均亩产 601.2kg，比对照豫粳 6 号增产 10.4%（极显著）；两年区域试验平均亩产 586.3kg，比对照豫粳 6 号增产 6.8%，增产点比例 75%。2008 年生产试验平均亩产 609.4kg，比对照 9 优 418 增产 0.9%。

特征特性：在黄淮地区种植全生育期平均 155.6d，比对照豫粳 6 号晚熟 2.6d。株高 99.1cm，穗长 16.6cm，每亩有效穗数 21.1 万，每穗总粒数 144.5 粒，结实率 82.8%，千粒重 25g。抗性：稻瘟病综合抗性指数 3.6，穗颈瘟损失率最高级 3 级。主要米质指标：整精米率 67.7%，垩白米率 33%，垩白度 4%，直链淀粉含量 16.7%，胶稠度 83mm。

第二节　籼型超级稻

一、两优培九

1999 年江苏省审定，审定编号：苏种审字第 313 号。

2001 年国家审定，审定编号：国审稻 2001001。

2005 年通过农业部超级稻品种认定。

来源与类型：由江苏省农业科学院粮食作物研究所和湖南杂交水稻研究中心以低温敏两用核不育系培矮 64S 与中籼品系 9311 杂交配组而成，属迟熟中籼两系杂交水稻。

适种地区：贵州、云南、四川、重庆、湖南、湖北、江西、安徽、江苏、浙江、上海以及河南信阳、南阳、陕西汉中一季稻区。

产量表现：在国家南方稻区生产试验平均亩产为 525.8～576.9kg，与对照汕优 63 相近，在江苏省生产试验平均亩产为 625.5kg。在高肥条件下精细栽培比汕优 63 有更大的增产潜力。

特征特性：在南方稻区平均生育期为 150d，比汕优 63 长 3～4d。株高 110～120cm，株型紧凑，株叶形态好，分蘖力强，最高茎蘖数可达 30 万以上，抗倒性强，总叶片 16～17 张，叶较小而挺，顶三叶挺举，剑叶出于穗上，叶色较深但后期转色好，中后期耐寒性一般，结实率偏低。颖花尖稍带紫色，成熟后橙黄，穗长 22.8cm，总颖花 160～200 个，结实率 76%～86%，谷粒细长，无芒，千粒重 26.2g。米质主要指标：整精米率 53.6%、垩白率 35%、垩白度 4.3%、胶稠度 68.8mm、直链淀粉含量 21.2%，米质优良。抗性：中感白叶枯病，感稻瘟病。

全国品审会审定意见：该品种属迟熟中籼两系杂交组合，全生育期 150d 左右，比汕优 63 迟 3～4d，株叶形态较好，在南方稻区区试和生产试验中产量表现略低于对照汕优 63，但在高肥基础上，满足了栽培条件比汕优 63 有更大的增产潜力。适应性较广，适宜在贵州、云南、四川、重庆、湖南、湖北、江西、安徽、江苏、浙江省、上海市以及河南信阳、南阳地区、陕西汉中地区一季稻区种植。经审核，符合国家品种审定标准，通过审定。

二、II优084

2001 年江苏省审定，审定编号：苏审稻 200103。

2005 年通过农业部超级稻品种认定。

来源与类型：江苏丘陵地区镇江农科所以 II-32A 与镇恢 084 配组，

1996 年育成，属中熟中籼三系杂交水稻。

适种地区：适宜江苏省中籼稻地区中上等肥力条件下种植。

产量表现：1999—2000 年参加江苏省区域试验，平均亩产 634.4kg，比对照汕优 63 增产 13.32%，比汕优 559 增产 4.96%；2000 年生产试验，平均亩产 626.6kg，比汕优 63 增产 12.01%。

特征特性：株高 124cm，每穗实粒数 150 粒，结实率 83%，千粒重 27~28g。全生育期 149d，株型集散适中，分蘖力较强，抗倒性强，熟相好；抗稻瘟病和白叶枯病，中感纹枯病；糙米率 82.4%，整精米率 67.7%，长宽比 2.6，垩白粒率 57%，垩白度 15.7%，胶稠度 44mm，直链淀粉含量 21.4%，米质较好。

2003 年国家审定，审定编号：国审稻 2003054。

产量表现：2000 年参加南方稻区中籼迟熟组区域试验，平均亩产 560.4kg，比对照汕优 63 增产 1.9%（不显著）；2001 年参加长江中下游中籼迟熟优质组区域试验，平均亩产 648.4kg，比对照汕优 63 增产 6.89%（极显著）。2002 年参加长江中下游中籼迟熟优质组生产试验，平均亩产 583.1kg，比对照汕优 63 增产 4.98%。

特征特性：该品种在长江中下游作中稻种植全生育期平均 142.4d，比对照汕优 63 迟熟 3.1d。株高 121.4cm，株叶形态好，茎秆粗壮，抗倒性强。每亩有效穗数 17 万穗，穗长 23.3cm，每穗总粒数 160.3 粒，结实率 86%，千粒重 27.8g。抗性：叶瘟 5 级，穗瘟 9 级，穗瘟损失率 9.3%，白叶枯病 7 级，褐飞虱 9 级。米质主要指标：整精米率 56.1%，长宽比 2.6，垩白米率 32%，垩白度 5.3%，胶稠度 49mm，直链淀粉含量 21.9%。

国家品审会审定意见：该品种高感稻瘟病，感白叶枯病，高感褐飞虱。米质较优。适宜在江西、福建、安徽、浙江、江苏、湖北、湖南省的长江流域（武陵山区除外）以及河南省信阳地区稻瘟病轻发区作一季中稻种植。经审核，该品种符合国家稻品种审定标准，通过审定。

三、新两优 6380

2007 年江苏省审定，审定编号：苏审稻 200703。

2007 年通过农业部超级稻品种认定。

来源与类型：原名"两优 6380"，由南京农业大学、江苏中江种业股份有限公司以 03S×D208 配组，于 2002 年育成，属两系杂交中籼稻组合。

适种地区：适宜江苏省中籼稻地区中上等肥力条件下种植。

产量水平：2005—2006 年参加江苏省区试，两年平均亩产 562.4kg，较对照汕优 63 增产 16.5%，两年增产均达极显著水平；2006 年生产试验平均亩产 611.7kg，较对照增产 18.2%。每亩有效穗数 14 万左右，每穗实粒数 148 粒左右，结实率 84% 左右，千粒重 29g 左右。

特征特性：株高 124cm 左右，全生育期 141d 左右，较对照迟熟 1~2d。株型较紧凑，长势旺，株高较高，穗型较大，分蘖力中等，叶色中绿，群体整齐度较好，后期熟色好，抗倒性较强；接种鉴定中感白叶枯病，中抗穗颈瘟，抗纹枯病；品质据农业部食品质量检测中心 2006 年检测，长宽比 3.1，整精米率 52.3%，垩白粒率 25.0%，垩白度 3.8%，胶稠度 66.0mm，直链淀粉含量 22.4%，米质理化指标达到国标三级优质稻谷标准。

2008 年国家审定，审定编号：国审稻 2008012。

产量表现：2006 年参加长江中下游迟熟中籼组品种区域试验，平均亩产 583.9kg，比对照Ⅱ优 838 增产 8.77%（极显著）；2007 年续试，平均亩产 601.2kg，比对照Ⅱ优 838 增产 6.41%（极显著）；两年区域试验平均亩产 592.5kg，比对照Ⅱ优 838 增产 7.56%，增产点比例 93.3%。2007 年生产试验，平均亩产 569.0kg，比对照Ⅱ优 838 增产 6.81%。

特征特性：该品种在长江中下游作一季中稻种植，全生育期平均 130.4d，比对照Ⅱ优 838 短 2.8d。株型适中，茎秆粗壮，叶片直挺，熟期转色好，每亩有效穗数 15.6 万穗，株高 124.9cm，穗长 25.4cm，每穗总粒数 168.6 粒，结实率 86.2%，千粒重 28.6g。抗性：稻瘟病综合指数 7.0 级，穗瘟损失率最高 9 级，抗性频率 40%；白叶枯病 5 级；褐飞虱 7 级。米质主要指标：整精米率 56.3%，长宽比 2.9，垩白粒率 47%，垩白度 6.2%，胶稠度 85mm，直链淀粉含量 24.4%。

国家品审会审定意见：熟期适中，产量高，高感稻瘟病，中感白叶枯病，感褐飞虱，米质一般。适宜在江西、湖南、湖北、安徽、浙江、江苏的长江流域稻区（武陵山区除外）以及福建北部、河南南部稻区的稻瘟病轻发区作一季中稻种植。该品种符合国家稻品种审定标准，通过审定。

四、扬两优 6 号

2003 年江苏省审定，审定编号：苏审稻 200302。

2009 年通过农业部超级稻品种认定。

来源与类型：由江苏里下河地区农科所以广占 63-4S/扬稻 6 号配组，于 2000 年育成，属两系中熟杂交中籼稻组合。

适种地区：该组合产量水平较高，稳产性较好，米质优，抗病性好，审定合格，适宜江苏省中籼稻地区中上等肥力条件下种植。

产量表现：该组合 2001—2002 年参加省区域试验，两年平均亩产 634.2kg，较对照汕优 63 增产 5.69%，两年均达极显著水平，分列第三位和第四位。2002 年在区试同时组织生产试验，平均亩产 613.0kg，较对照汕优 63 增产 9.15%。每亩有效穗数 15 万～16 万，每穗实粒数 155 粒左右，结实率 83% 左右，千粒重 28～29g。

特征特性：株高 120cm 左右，全生育期 142d 左右，较汕优 63 长 1～2d。该组合株型集散适中，茎秆较粗，剑叶挺直，分蘖性较强，叶色较深，穗大粒多，抗倒性好，接种鉴定抗稻瘟病，中抗白叶枯病、纹枯病，后期熟相好。据农业部稻米及制品质检中心 2001 年检测，糙米率 80.6%，整精米率 67.4%，长宽比 2.9，垩白粒率 22%，垩白度 2.3%，胶稠度 82mm，直链淀粉含量 15.4%，米质理化指标达到国标三级优质稻谷标准。

2005 年国家审定，审定编号：国审稻 2005024。

产量表现：2002 年参加长江中下游中籼迟熟优质 A 组区域试验，平均亩产 587.83kg，比对照汕优 63 增产 6.88%（极显著）；2003 年续试，平均亩产 528.38kg，比对照汕优 63 增产 5.82%（极显著）；两年区域试验平均亩产 555.98kg，比对照汕优 63 增产 6.34%。2004 年生产试验平均亩产 555.72kg，比对照汕优 63 增产 13.73%。

特征特性：该品种在长江中下游作一季中稻种植全生育期平均 134.1d，比对照汕优 63 迟熟 0.7d。株型适中，茎秆粗壮，长势繁茂，秆尖带芒，后期转色好，株高 120.6cm，每亩有效穗数 16.6 万穗，穗长 24.6cm，每穗总粒数 167.5 粒，结实率 78.3%，千粒重 28.1g。抗性：稻瘟病平均 4.8 级，最高 7 级；白叶枯病 3 级；褐飞虱 5 级。米质主要指标：整精米率 58.0%，长宽比 3.0，垩白粒率 14%，垩白度 1.9%，胶稠度 65mm，直链淀粉含量 14.7%。

国家品审会审定意见：该品种熟期适中，产量高，米质较优，中抗白叶枯病，感稻瘟病。适宜在福建、江西、湖南、湖北、安徽、浙江、江苏的长江流域稻区（武陵山区除外）以及河南南部稻区的稻瘟病轻发区作一季中稻种植。经审核，该品种符合国家稻品种审定标准，通过审定。

第三章 超级稻精确定量栽培理论与技术

超级稻精确定量栽培理论与技术体系包括水稻叶龄模式、水稻群体质量和栽培技术定量 3 个部分。其中，前两部分是我国对水稻高产群体形成规律的理论创新归纳，用于确定水稻高产群体生产发展过程的定量化诊断指标；第三部分解决栽培技术定量的原理和计算方法，用较少的作业次数、准确的作业时间和物化投入量，获得预期的高产、优质和最佳经济、生态效益。这三个部分都有原始创新，也有组装集成创新。

第一节 水稻叶龄模式

在水稻生育过程中，应用出叶（心叶）与分蘖、发根、拔节和穗分化之间的同步、同伸规则，以叶龄为指标，对各部分器官的建成和产量因素形成在时序上作精确诊断。根据主茎总叶片数（N）和伸长节间数（n）将超级稻品种进行分类，N 和 n 数均相同的品种归纳为同一叶龄模式类型，并用叶龄指标值对超级稻的生育进程作出正确的诊断。

一、水稻的 3 个关键叶龄期

在水稻生产上，对地上部生长诊断最关键的 3 个时期是有效分蘖临界叶龄期、拔节（第一节间伸长）叶龄期和穗分化叶龄期。

（一）有效分蘖临界叶龄期

水稻的分蘖由簇生于稻株基部分蘖节上各叶的腋芽（分蘖芽）生

长形成，分蘖节的叶位数＝主茎总叶片数（N）－伸长节间数（n）－1，即$N-n-1$。当水稻母茎生长进入拔节期时，稻株的生长中心转向茎和穗，养分供应集中向茎和穗的形成转移，输向分蘖的养分大量减少，处于不同生长状态的分蘖发生两极分化，成为有效分蘖和无效分蘖。影响分蘖能否有效的诸多因素中，最重要的内因是母茎拔节期分蘖是否具有较发达的自身根系。

根据主茎拔节期具有4叶（3叶1心）分蘖能独立生活、成穗可靠的原理，江苏大面积生产上具有5个伸长节间以上的超级稻品种的有效分蘖临界叶龄期为主茎总叶片数－伸长节间数叶龄期，即$N-n$叶龄期。对于具有4个伸长节间数的品种，其有效分蘖临界叶龄期为主茎总叶片数－伸长节间数＋1叶龄期，即$N-n+1$叶龄期。

根据出叶与分蘖发生$N-3$的同伸规则和主茎最上分蘖发生叶位是$N-n-1$叶位，则主茎最上分蘖发生时其同伸叶龄是$N-n+2$，因此无效分蘖期一般只有$N-n+1$和$N-n+2$叶两个叶龄期，其中$N-n+1$是动摇分蘖叶龄期（对4个伸长节间的品种而言，也就是有效分蘖临界叶龄期）。

（二）拔节（第一节间伸长）叶龄期

为主茎总叶片数（N）－伸长节间数（n）＋3叶龄期或伸长节间数（n）－2的倒数叶龄期，即$N-n+3$叶龄期或$n-2$的倒数叶龄期。

（三）穗分化叶龄期

稻穗分化是一个连续的过程，根据穗部形态将穗分化过程划分为若干时期，使各时期和穗形态建成联系起来。稻穗分化和水稻最后几片叶的抽出是同步进行的，这是研究用叶龄进程诊断稻穗分化时期的理论依据。穗分化开始于倒数第4叶抽出一半时（叶龄余数3.5左右），完成于破口前。穗分化各期与叶龄的指标值，品种间极为一致（表3－1）。

表3－1　超级稻穗分化时期与叶龄的关系

穗分化简易分期	穗分化时期	叶龄余数	对应的倒数叶龄期
1. 穗轴分化期	1. 穗轴分化期	3.5～3.1	倒4叶后半期

（续表）

穗分化简易分期	穗分化时期	叶龄余数	对应的倒数叶龄期
2. 枝梗分化期	2. 一次枝梗分化期 3. 二次枝梗分化期	3.0～2.6 2.5～2.1	倒3叶期
3. 颖花分化期	4. 颖花分化期 5. 雌雄蕊分化期	2.0～1.6 1.5～（0.9～0.8）	倒2叶期至剑叶初期
4. 花粉母细胞 形成及减数分裂期	6. 花粉母细胞形成期 7. 花粉母细胞减数分裂期	（0.8～0.7）～0.4 （0.4～0.3）～0	倒1叶中、后期
5. 花粉粒充实 完成期	8. 花粉粒充实完成期	0～出穗	孕穗期 （相当于1个叶龄期）

1. 穗轴分化期

完成于倒4叶抽出的后半期（叶龄余数3.5～3.1），形成穗轴及穗轴节。

2. 枝梗分化期

处于倒3叶抽出期（叶龄余数3.0～2.1），其中，前半叶期为一次枝梗分化期（叶龄余数3.0～2.6），后半叶期为二次枝梗分化期（叶龄余数2.5～2.1）。一、二次枝梗于此叶龄分化完成。

3. 颖花分化期

处于倒2叶抽出至剑叶抽出初（叶龄余数2.0～0.8），其中，倒2叶前半期为颖花分化期（叶龄余数2.0～1.6），倒2叶后半期至剑叶抽出初为雌雄蕊分化期［叶龄余数1.5～（0.9～0.8）］。所有花器官于此叶龄期内分化完成。

4. 花粉母细胞形成及减数分裂期

处于剑叶抽出的中后期［叶龄余数（0.8～0.7）～0］，其中，花粉母细胞形成处于剑叶抽出中期［叶龄余数（0.8～0.7）～0.4］，减数分裂期处于剑叶抽出的后期（叶龄余数0.4～0），发育颖花完成生殖细胞的分化发育，并产生配子体；不发育颖花于此期末退化。

5. 花粉粒充实完成期

处于整个孕穗期（相当于1个出叶叶龄期），叶龄余数为0至出穗，配子体于此期发育成熟；退化颖花于此期初结束。

上述水稻外部出叶和内部穗分化形态变化的同步关系，反映了水稻在最后 3.5 片叶，每出一片叶（或经历一个出叶叶龄期），就使稻穗分化向前推进一期，穗部性状的器官形成上也上升一个层次（由穗轴→枝梗→颖花→生殖细胞→配子体），在超级稻生产上很有诊断实用价值。

二、不同类型品种生育进程的叶龄模式

不管超级稻品种如何繁多，只要主茎总叶片数和伸长节间数相同，就可以把它们归为一类。同类型的品种，在同一叶龄期的生育与器官建成进程完全相同。不同类型超级稻品种的简易叶龄模式总图如图 3 – 1 所示。

只要了解了某个栽培品种的主茎总叶片数和伸长节间数，就可以在图 3 – 1 中找到它的位置，从叶龄模式查知每个叶龄期所处的生育时期，各部器官的建成状况，在产量因素形成中的作用等，为主要生育时期的群体诊断和促控措施的应用提供叶龄依据。

三、水稻叶龄模式在精确定量栽培中的基础作用

（一）高产群体叶色"黑黄"节奏变化，有其严格的叶龄期和叶色指标值

按有效分蘖叶龄期、无效分蘖叶龄期、拔节叶龄期（高峰苗期）、长穗叶龄期和抽穗期的适宜茎蘖苗数、叶面积指数和群体生物量指标，建立高产群体发展的叶龄模式。超级稻高产群体都有严格的"黑黄"变化叶龄期，其共同的模式有：①有效分蘖临界叶龄期（$N-n$ 叶龄期）以前，群体叶色应"黑"，叶片的含氮率应在 3.5% 左右(3.0% ~ 4.0%)，顶 4 叶叶色 > 顶 3 叶，有利于促进有效分蘖发生，形成壮苗；②有效分蘖临界叶龄期（$N-n$ 叶龄期），叶色开始褪淡，叶片含氮率下降至 2.7%（粳稻）和 2.5%（籼稻）左右，顶 4 叶叶色 = 顶 3 叶，分蘖速度明显减慢；③无效分蘖始期至拔节始期 [（$N-n+1$）~（$N-n+3$）叶龄期]，叶色要明显"落黄"，叶片含氮率下降至 2.5% 以下 (2.2% ~ 2.4%)，顶 4 叶叶色 < 顶 3 叶，新分蘖停止发生，无效分蘖和茎基部叶片及节间的生长均受到有效控制，为中期稳长打好基础；④长

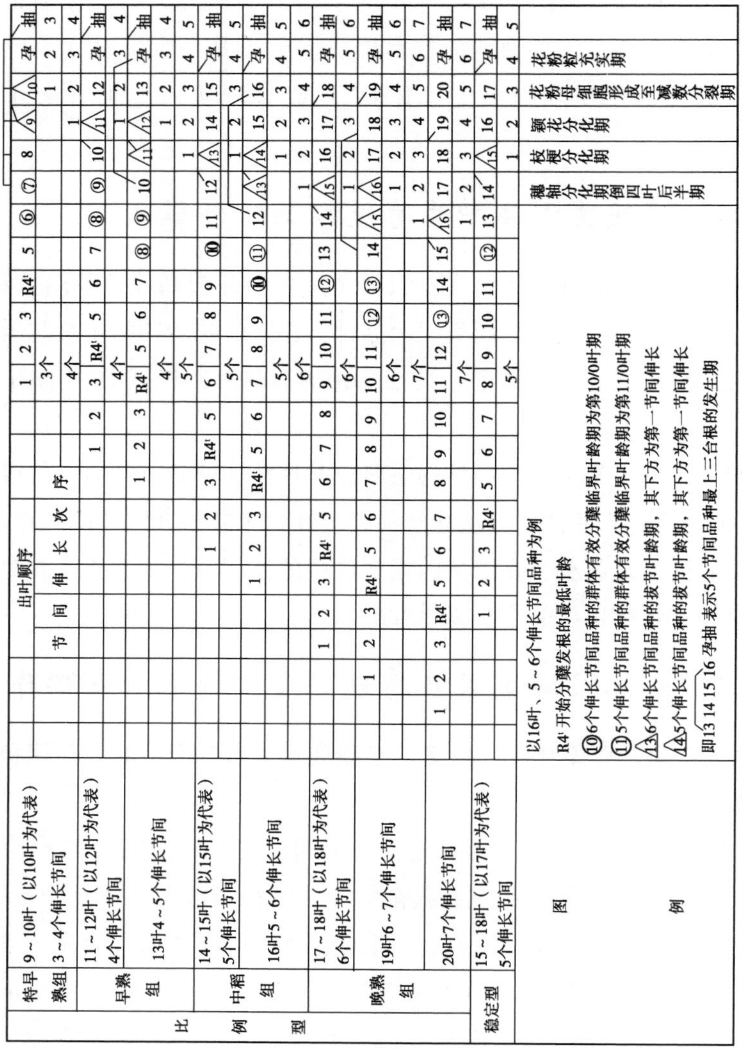
穗分化期
出叶顺序
节间伸长次序
特早熟组 9～10叶（以10叶为代表） 3～4个伸长节间
早熟组 11～12叶（以12叶为代表） 4个伸长节间
13叶4～5个伸长节间
中稻组 14～15叶（以15叶为代表） 5个伸长节间
16叶5～6个伸长节间
晚熟组 17～18叶（以18叶为代表） 6个伸长节间
19叶6～7个伸长节间
20叶7个伸长节间
稳定型 15～18叶（以17叶为代表） 5个伸长节间
比例型
图例
以16叶、5～6个伸长节间品种为例
R4' 开始分蘖发根的最低叶龄
⑩6个伸长节间品种的群体有效分蘖临界叶龄期为第10/0叶期
⑪5个伸长节间品种的群体有效分蘖临界叶龄期为第11/0叶期
△13 6个伸长节间品种的拔节叶龄期，其下方为第一节间伸长
△14 5个伸长节间品种的拔节叶龄期，其下方为第一节间伸长
即13 14 15 16 孕抽 表示5个节间品种最上三台根的发生期
穗轴分化期（倒四叶后半期）
枝梗分化期
颖花分化期
花粉母细胞形成至减数分裂期
花粉粒充实期

图3-1 不同类型超级稻品种生育进程叶龄模式总图

穗期（颖花分化、倒2叶期）开始直至抽穗后的15～20d，叶色应回升显“黑”，叶片含氮量上升为2.7%（粳稻）和2.5%（籼稻），顶4叶叶色＝顶3叶，有利于巩固穗数和促进穗分化形成大穗，并提高结实率；⑤抽穗15～20d以后，叶色逐渐褪淡，至成熟期能保持2片以上绿叶，有利于提高结实率和粒重。

（二）调控措施应用的叶龄模式，使栽培技术模式化、规范化

1. 施用氮素等促进生长的技术

其作用期一般发生于以后的 1、2 个叶位，乃至第 3 个叶位（如施用量多）。例如，6 叶期（N 叶期）施氮，将会促进第 7、第 8 甚至第 9 叶（$N+1$，$N+2$，或 $N+3$ 叶）及它们的同伸分蘖的生长，且其肥效的高峰期往往发生在 8 叶期（$N+2$ 叶）。因此，为促进有效分蘖，又要控制无效分蘖的发生，分蘖肥的施用宜早，最迟必须在 $N-n-2$ 叶龄期（有效分蘖叶龄期前 2 个叶位）以前结束。为了促进枝梗及颖花的分化，促花肥应在倒 4 叶期初施下；为防止颖花退化，保花肥必须在倒 2 叶抽出中期施下。

2. 烤田等控制生长的作用期

一般产生于造成植株水分亏缺的后一个叶龄期。例如，为控制 $N-n+1$ 叶龄期无效分蘖的发生，应在 $N-n-1$ 叶龄期排水搁田，到 $N-n$ 叶龄期才能造成植株水分亏缺，产生的控制效应在 $N-n+1$ 叶龄期，不仅把 $N-n+1$ 叶控短，而且把该叶龄的同伸分蘖控掉。同理，为控制第一节间的伸长，应在第一节间伸长前 2 个叶龄期排水烤田，使植株水分亏缺发生在第一节间伸长前，才能有效控制第一节间的伸长。

第二节　水稻群体质量指标体系

超级稻高产群体应是高光效群体，应具有优质的形态空间结构和生理功能，具有最大的光合生产积累能力。对群体光合积累和产量起决定作用的形态和生理指标称之为群体质量指标，这些质量指标的优化组合形成了水稻群体质量指标体系。

一、水稻结实期高产群体的质量指标

高产超级稻的群体质量指标包括：结实期群体光合生产积累量、群体适宜的叶面积指数（LAI）、群体总颖花量、粒/叶比、有效和高效叶面积率、抽穗期单茎茎鞘重和颖花根活量等 7 项，其中，最关键的是前三项。

（一）结实期群体光合生产积累量，是群体质量的本质指标

水稻不同生育时期的光合产物是为建成当时正在生长的器官服务的，在抽穗以前，光合产物是为建成抽穗期的群体服务的，抽穗以后的光合产物，才集中主要输向穗，输向稻谷。抽穗期的群体光合生产积累量与产量呈抛物线关系（$y = a + bx - cx^2$），群体不可过大，也不可过小，只能适量。抽穗至成熟期的干物质积累量和产量呈极显著的正相关。表明产量主要决定于结实期的群体光合生产积累量。

获得一定目标的高产，必须获得抽穗—成熟期相应的干物质积累量。高产水稻籽粒产量中，一般有 80% 以上来自抽穗后的光合积累，亩产 700kg 稻谷，有 560kg 以上来自抽穗后，折合干重应在 500kg 以上。江苏高产田的实际资料表明，亩产 700kg 的群体，抽穗期生物量在 800kg 左右，成熟期 1 300kg 左右；亩产 800kg 的群体，抽穗期（850 ~ 900kg）至成熟期（1 420 ~ 1 470kg）的干物质积累量在 570kg 左右，占籽粒产量的 80% 以上。在云南永胜县涛源乡获得世界纪录的协优 107 高产田，亩产 1 287kg，齐穗期的生物量为 1 230kg，成熟期为 2 240kg，抽穗至成熟期增加了 1 010kg，折合产量为 1 168kg，占籽粒产量的 90.8%。可见，抽穗—成熟期的干物质积累量是精确定量栽培的首要定量指标。

（二）适宜的叶面积指数（LAI），是提高群体结实期光合积累量的形态生理的基础指标

高产田的最大适宜叶面积应在孕穗期达到，群体在孕穗期适时封行，抽穗期单茎保持具有和伸长节间数相等的绿叶数。这样，一方面可使抽穗后群体叶面积能截获 95% 的阳光辐射，充分利用光能；另一方面，使群体在拔节－抽穗期间，中、下部有充足的受光条件，保证上层根充分发根生长和壮秆大穗的形成。而且孕穗期封行后，群体尚有约 5% 的透光率，保证基部叶片的受光量在补偿点的 2 倍以上，以延长基部叶片的寿命和生理功能，保证根系活动有充足的养分供应。群体不能

按时封行，固然不能高产；群体提前在拔节期封行，更是高产栽培之大忌。

适宜 LAI 指标值因地区的光照条件和品种的株型而不同。江苏高产水稻的适宜 LAI 为 7～8（粳稻）或 7～7.5（杂交籼稻）。适宜 LAI 由适宜穗数与单茎叶面积构成。单茎叶面积大的大穗型品种，亩适宜穗数较低。生产地区日辐射量大，亩穗数和 LAI 可显著提高。南京水稻生长期间平均日辐射量为 1 610.8J/cm^2，杂交籼稻汕优 63 的亩适宜穗数为 17 万左右（16 万～18 万），适宜 LAI 为 7～7.5；云南永胜县涛源乡的日辐射量达 2 603.7～2 679.0cal/cm^2，比南京高出 62%～66%，在那里高产田的适宜 LAI 达 11～12，穗数可高达 27 万（26 万～28 万），均比南京高出 60% 左右。

（三）适宜 LAI 下提高群体总颖花量，是提高群体结实期光合生产能力的内在生理质量指标

提高总颖花量是提高产量的直接因素。超级稻群体总颖花量由 2 000 万/亩提高到 3 000 万/亩、4 000 万/亩乃至 5 000 万/亩以上，产量可由 500kg/亩依次提高到 700kg、800kg、900kg、1 000kg 乃至 1 200kg 以上。产量的进一步上升，还得靠亩总颖花量的不断突破。

稳定适宜穗数、主攻大穗，是提高群体总颖花量的可靠途径。随着品种的改良，高产品种的穗型不断增大，单位面积的穗数相对减少，单位面积的总颖花量显著增加。但始终存在多穗小穗、少穗大穗和穗粒并重 3 种产量因素构成类型，并以穗粒并重型占绝对的比重（80% 以上），这种类型夺取高产的成功率最高，风险最小，被认为是最适宜的结构。穗数适宜，保证了个体健壮和群体 LAI 适宜。能在孕穗－抽穗期适时封行，易于形成大穗，获得高的总颖花量和结实率（90% 左右）。穗数过多的群体，LAI 过大，封行过早，穗小，总颖花量和结实率不易提高，且倒伏的风险大。穗数过少的群体，穗虽大，但 LAI 小，光能利用不充分，总颖花量亦不易提高。

各地超级稻品种获得高产各有其适宜穗数和产量结构。江苏亩产 700～800kg 的高产田块，总颖花量在 3 000 万（2 700 万～3 300 万）/亩，结实率 90% 左右，千粒重 27～30g。超级稻不同品种类型的适宜穗数见表 3 – 2。

表 3 – 2　超级稻不同品种类型高产田块的适宜穗数

品种类型	颖花/穗	穗数（万/亩）
多穗小穗	120 ~ 130	24 ~ 23
穗粒并重	140 ~ 150	22 ~ 20
少穗大穗	180 ~ 200	18 ~ 15

云南永胜县涛源乡协优 107 亩产 1 287kg 群体的适宜穗数为 27 万/亩，每穗 190 粒，总颖花量为 5 100万/亩。

（四）适宜 LAI 条件下群体粒/叶比是衡量水稻库源协调水平的综合质量指标

群体粒/叶比可用单位面积总颖花量，或总实粒数，或产量（kg）除以孕穗 – 抽穗期的叶面积（LAI × 666.7 × 10^4 cm²）求得，相对应的 3 种表示方式分别是颖花/叶（朵/cm²）、实粒/叶（粒/cm²）和粒重/叶（mg/cm²）。在高产栽培条件下，3 个数值之间往往是统一的，在高颖花/叶比的情况下，结实率和粒重是相对稳定的。只有旺长倒伏的田块，才可能出现高颖花/叶（cm²）比，低实粒/叶（cm²）比和低粒重/叶（cm²）比的情况。在高产栽培过程中，第一步追求高的颖花/叶（cm²）比，首先要达到必需的颖花量；同时要追求高的结实率，即高的实粒/叶（cm²）比；而最终目标是高粒重/叶（cm²）比。

根据粒/叶比与产量的关系，提高产量有 3 条途径：① 保持粒/叶比不变，同步提高孕穗—抽穗期 LAI 和总颖花量而增产。这一途径在低、中产向高产过渡中是可行的；② 保持孕穗—抽穗期 LAI 不变，提高粒/叶比来增加产量，此途径在大面积平衡高产栽培中是十分有效的；③ 既提高孕穗—抽穗期 LAI，又提高粒/叶比，大幅度地提高群体总颖花量和它的总容积量（增大粒重），以实现超高产。但从空间占有情况来分析，通过增大 LAI 的途径受空间条件的制约较大，在一个地区 LAI 的增加总是有限度的。因此，在稳定适宜 LAI（或略有增大）的基础上，通过提高粒/叶（cm²）比来增加总颖花量，无论从理论上还是实践上，对提高群体质量，实现更高产，比其他途径更为有效。

（五）有效叶面积率和高效叶面积率

在孕穗至抽穗期的 LAI 中，包括有效分蘖的 LAI 和无效分蘖的 LAI 两部分。无效分蘖有叶而无颖花，在群体中占的比例高，无效叶面积率高，群体的粒/叶比必然低，总颖花量必然少。因此，控制无效分蘖，提高有效蘖叶面积的比例，才能提高粒/叶比，才能在相同 LAI 的条件下提高群体的总颖花量。高产田调查的资料表明，高产优质群体的有效叶面积率应提高到 90% 以上，最好能达 95% 以上，最大的理论值为 100%，无效叶面积率被控制在 5% 以内。生产上，控制无效分蘖的发生和生长，是提高有效叶面积比例的唯一途径。

有效茎的最上 3 张叶片称之为高效叶片。这 3 张叶片的生长和穗分化同步。这 3 张叶片的大小与每穗粒数呈密切正相关，而茎基部叶片的大小，和每穗颖花数的相关不密切，和结实率甚而呈弱负相关。其次，结实期它们处于受光条件良好的冠层上部，叶片的生理年龄又较轻，具有旺盛的光合能力，对籽粒灌浆充实的贡献最大。提高高效叶片叶面积在群体 LAI 中的比率，可以促进形成大穗，提高粒/叶比，增强结实期群体的光合积累量。

抽穗后处于茎下部的 2～3 片叶，生理年龄老，受光条件差，光合效能相对较低；但它们的存活，对根系的活力关系很大，仍是高产群体所必需的，称谓低效叶片。对它们的生长，应予控制，使低效叶面积在群体 LAI 中占有较小的比例。控制低效叶的生长和控制无效分蘖发生是在相同叶龄期，在此叶龄期能及时控制无效分蘖的发生和低效叶的生长，是提高有效叶面积率和高效叶面积率的关键。

高产群体高效叶面积率的适宜指标值，5～6 个伸长节间的粳稻品种，一般为 75%～80%。为实际应用方便，可以把茎生各叶长度次序作为诊断指标：高效叶面积率为 75%～80% 的高质量群体，叶长序数（由上而下）应为 2－3－1－4－5，或 3－2－1－4－5，产量最高。即倒 2 叶或倒 3 叶最长（或两叶等长），其次为剑叶，倒 4 叶再次，倒 5 叶最短（倒 4、倒 5 两叶为低效叶）。倒 4、倒 5 两叶长，倒 2 叶和剑叶短的群体，高效叶面积率低（＜70%），是低产的群体。

（六）单茎茎鞘重

茎秆是高光效群体的主要支撑系统，强壮的茎秆能防止倒伏，能合理分配叶层，提高比叶重和减缓结实期叶面积衰减速度，是提高光合生产力的冠层结构基础。同时壮秆又是大穗形成的结构基础，粗壮的茎秆内大维管束数多，穗部的一次枝梗数也多，每穗颖花数、单穗重和经济系数也会随之提高。因此，抽穗期的单茎茎鞘重不仅是壮秆大穗的重要标志，而且反映了地上部营养生长和生殖生长、有效生长和高效生长的协调状况。

（七）颖花根活量和颖花根流量

结实期根系的活力往往以根系氧化 α-萘胺（α-NA）的量来反映。把根系活力和颖花总量联系起来，以每朵颖花有多少根活量作为衡量跟活力的单位，称颖花根活量。颖花根活量与粒/叶比之间呈极显著正相关，与净同化率、光合产物向籽粒的运输率、与结实率和千粒重之间均存在极显著正相关。在 LAI 相同条件下，颖花根活量的高低是结实期群体质量的重要指标。提高颖花根活量，关键是在拔节至抽穗上层根发生期间为发根创造良好的群体生态条件，以及在抽穗后为根的分枝创造良好的环境条件。

结实期基部节间的伤流量和穗茎节间伤流量与每穗颖花数、结实粒数、千粒重以及粒/叶比之间存在正相关。因此，把基部节间的伤流量，按每朵颖花、籽粒和单位粒重占有的数量统计，分别以 mg/（颖花·h）、mg/（粒·h）、mg/［粒重（g）·h］表示，称为颖花根流量。颖花根流量与颖花根活量具有同样的机理和作用，是根活力对群体质量的又一种表达方式，测定方法比较简便。

二、水稻高产优质群体的培育途径和分阶段诊断指标

（一）培育途径

在保证获得适宜穗数的前提下，通过尽量减少无效分蘖，压缩高峰苗数，提高茎蘖成穗率（单季粳稻 80% ~ 90%，单季籼稻 70% ~ 80%），既是高产群体培育的合理途径，又是高产群体苗、株、穗、粒

合理发展的可直接掌握应用的综合性诊断指标。因为提高茎蘖成穗率，是提高有效叶面积率、粒/叶比和总颖花量的一个直接的因素。控制无效分蘖必然同时控制基部低效叶的生长，为提高上部高效叶面积率奠定基础。无效蘖和低效叶生长被控制，改善了拔节-抽穗期的群体光合条件，有利于促进高效叶的生长，相伴的是大穗的形成、单茎茎鞘重增加和颖花根活量的提高。最终是完成适宜穗数和 LAI，提高总结实粒数和粒重/叶比，提高花后的光合生产力和产量。

（二）分阶段的诊断指标

根据江苏单季稻亩产 700 ~ 800kg 的多个高产田（方）的田间资料，归纳出了具有普遍指导作用的高产群体发展动态的形态、生理指标值（图 3 - 2）。

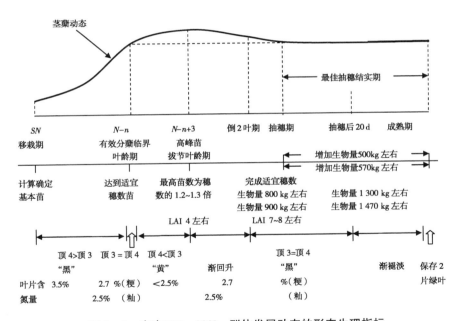

图 3 - 2 亩产 700 ~ 800kg 群体发展动态的形态生理指标

1. 有效分蘖期

在合理基本苗的基础上，促进分蘖在 $N - n$ 叶龄期之初够苗，既奠定穗数，又为大穗形成奠定组织结构基础。在 $N - n - 1$ 叶龄期之前，群体叶色应显"黑"，即顶 4 叶叶色深于顶 3 叶（顶 4 叶叶色＞顶 3 叶），叶片含氮率 3.5% 左右，是确保早发足穗的重要形态生理指标；到了 $N-n$ 叶龄期，群体叶色应开始褪淡，顶 4 叶叶色＝顶 3 叶，叶片含氮率降至 2.7%（粳稻）和 2.5%（籼稻），有利于控制无效分蘖，提高成穗率。

2. 无效分蘖期

从 $N-n+1$ 叶龄期起，群体叶色应"落黄"，顶 4 叶叶色＜顶 3 叶，叶片含氮率降至 2.5% 以下（2.2%～2.4%），无效分蘖的发生被控制。至拔节期叶龄期（$N-n+3$ 叶龄期），高峰苗数被控制在适宜穗数的 1.2～1.3 倍（粳稻）或 1.3～1.4 倍（籼稻），使茎蘖成穗率提高到 80% 以上。群体叶面积指数（LAI）被控制在 4 左右，茎基部的叶片显著变短。无效分蘖期不能正常"落黄"，则中期旺长，成穗率低，并产生一系列不良后效。

3. 穗分化期

通过倒 4 叶－倒 2 叶施用穗肥，$N-n+3$ 叶龄期以后群体叶色逐步回升，至倒 2 叶期（颖花分化期）重又显"黑"（顶 4 叶＝顶 3 叶），叶片含氮率回升至 2.7%（粳稻）和 2.5%（籼稻）左右，并一直延续至抽穗期，以促进有效蘖成穗，完成预期穗数，并促进大穗形成和上部 3 片高效叶的生长，完成适宜 LAI（7～8）和目标总颖花量（3 000 万/亩以上）的指标，保证抽穗期群体生物量适当（800～900kg/亩）。

4. 结实期（抽穗－成熟期）

养根保叶，维持旺盛的群体光合功能。通过穗肥的后续作用，使抽穗后 15～20d，群体叶色继续保持"黑"（顶 4 叶－顶 3 叶），叶片含氮率维持在 2.7%（粳稻）和 2.5%（籼稻）左右，基部叶片不衰黄，确保稻体碳氮协调和获得最高的结实率；此后，叶色逐步褪淡，至成熟期仍能保持 2 片以上绿叶，使抽穗至成熟期群体光合积累量达到 500～570kg/亩。

以上是江苏单季稻亩产 700～800kg 高产群体生长各阶段生育指标的科学总结归纳，在江苏具有很强的指导作用。凡群体发展符合上述指标要求的，即能确保高产。各地品种的总叶数不同，气候条件不同，产量目标不同，生育各期的具体生长指标当有所不同。但生育过程都应按有效分蘖叶龄期、无效分蘖叶龄期、长穗叶龄期和结实期这 4 个时期，归纳出当地主推品种在各生育期的高产群体生长指标（茎蘖数、LAI 和干物质量等）和叶色"黑黄"指标等，这些原理原则在各地都有共同性、普遍性。

第三节　栽培技术的精确定量

水稻高产栽培是一个系统工程，其技术的精确化必须遵循以下总的原则：①各项技术措施都要为构建抽穗－成熟期的高光效群体服务，控制群体前、中期发展的适宜数量，提高后期的群体质量；②以高产群体生育各阶段的形态生理发展指标为依据，通过各叶龄期群体发展状况的诊断，定量地应用调控技术，对各部器官的生长作定向、定量调控；③用充分壮大个体，发展构建合理群体的方法，走"小（群体）、壮（个体）、高（积累）"的栽培途径；④判断促控技术是否适时适量，以是否有利于促进有效和高效生长，控制无效和低效生长，提高群体的茎蘖成穗率和粒/叶比为标准；⑤各项技术的定量，遵循以最经济的投入，保证高产群体的形成，获得最大的经济和生态效益的原则。

一、适宜播栽期的确定

（一）最佳抽穗结实期的确定

抽穗－成熟期的群体光合生产力决定了水稻的产量，因此，必须把抽穗结实期安排在最佳的气候条件下，称最佳抽穗结实期。水稻在最佳抽穗结实期开花结实，可获得最高的结实率、千粒重和产量。

江苏的观测表明，粳稻抽穗期日均温 25℃ 左右时的结实率最高，结实－成熟期的日均温 21℃ 左右时千粒重最高。因此，可以把抽穗期25℃，整个结实期日平均 21℃ 这两个温度指标常年出现的日期，定为江苏各地粳稻的最佳抽穗结实期。籼稻的最佳抽穗结实期的温度一般比粳稻高 2℃ 左右。

在大气湿度高达 80% 以上的我国南方湿润稻区，抽穗结实期遇上气温 35~38℃ 的高温天气，空瘪粒大量增加而减产。但在大气湿度低（50% 以下）的地区，虽遇上 38℃ 以上的高温天气，仍有很高的结实率。这是由于很低的大气湿度，使蒸腾量增大，带走了大量热能，显著降低了稻株的体温，保证了光合生产和各项生理活动正常进行的缘故。而在大气湿润（湿度 80%）条件下，稻株体温和气温相差很小，严重影响稻株正常的生理活动。因此，在有灌溉条件的干热地区，抽穗结实期的干热气候，是超高产的理想生态区。

（二）适宜播栽期的确定

根据品种从播种到最佳抽穗期的天数，并通过播期试验资料确定。坚持适期播种，保证在最佳抽穗期抽穗，是投入少、效益大的栽培技术。前茬收割晚的，必要时用长秧龄大苗来保证在最佳抽穗期抽穗。除了考虑抽穗期的最佳温度外，在生育期短的地区，还必须考虑播种期的安全温度和移栽的最低温度。在田间变温条件下，日均温稳定在 10℃ 以上，是粳稻的早限播种期，日均温稳定在 12℃ 以上，是籼稻的早限播种期。分蘖和次生根发生的最低温度为 15℃，日均温稳定在 15℃ 以上时，才是安全移栽期，过早移栽会造成僵苗。因此覆膜保温育秧必须考虑安全移栽期，合理掌握秧龄和播期。

二、育秧技术要点

（一）适龄壮秧指标

培育壮秧是增产的基础。壮秧最重要的指标是移栽后根系爆发力强，缓苗期短，分蘖按期早发，有利于对高产群体的培育能按计划调控。不同育秧方式培育的壮秧标准不同。

1. 肥床旱育秧

一般秧龄 30~40d，叶龄 5~8 叶，根系发达，根毛多而白，叶片短而厚，叶色青绿，植株矮壮老健，分蘖率高，单株带蘖多，无病虫为害。

2. 机插秧育秧

一般秧龄 15～20d，叶龄 3～4 叶，苗高 12～18cm，每平方厘米成苗 1.5～3 株，苗挺叶绿，基部粗扁有弹性，秧苗整齐，无病虫为害。单株白根数 10 条以上，根部盘结牢固，提起不散，盘根带土厚度 2.0～2.5cm，厚薄一致。

3. 塑盘抛秧育秧

一般秧龄 18～25d，叶龄 3.5～4.5 叶，苗高 15～20cm，成秧率 85% 以上，单穴成苗粳稻 3～4 苗、杂交籼稻 1～2 苗的占 85% 以上，空穴率 5% 以下，秧苗整齐均匀无病虫危害，穴与穴之间无窜根连结。

4. 常规湿润育秧

一般秧龄 30d 左右，叶龄 6～7 叶，苗高 30～35cm，单株带蘖杂交籼稻 2 个以上、粳稻 1 个左右，群体带蘖率 90% 以上，生长整齐无病虫害。

（二）不同育秧和移栽方式条件下的适宜秧龄

适龄秧是指适合于移栽的低限叶龄与上限叶龄之间的叶龄范围，在这个叶龄范围内移栽，不论叶龄大小，只要秧苗素质好，配合以相应的密、肥、水调控技术，均能获得高产，但其中有最适叶龄值。

1. 芽苗移栽适宜秧龄

芽苗移栽的最适叶龄是 1.2～1.5 叶期，移栽后可借残存胚乳养分（45% 以上）发根，活棵快，于 5 叶期普遍分蘖，形成叶蘖高度同伸的壮秧。

2. 塑盘穴播和机插小苗移栽适宜秧龄

塑盘穴播和机插小苗移栽的适宜叶龄是 3～4 叶期。塑盘穴播带土移栽，可充分发挥小苗移栽的分蘖优势夺取高产，但如延迟至 5 叶以后移栽，苗体变弱，小苗移栽的优势不强。机插小苗播种密度很大，基部分蘖芽容易休眠。如冬闲田和早茬田在 3.0 叶龄胚乳养分耗完时及早移栽，能在 5 叶期分蘖；如至 4 叶期（3.5～4.0 叶龄）移栽，基部 1～3 叶位的分蘖芽全部退化而不发生，要到 7 叶期才在 4 叶位发生分蘖。移栽过迟，秧苗停留在 4 叶 1 心不再生长，移栽后易死苗、僵苗。

3. 拔秧移栽的适宜秧龄

拔秧移栽的起始叶龄期是 5 叶期，最适上限叶龄期为移栽后至有效分蘖临界叶龄期，应有 4 个（双季稻）或 5 个以上（单季稻）的叶龄期。如秧龄过大，移栽后至有效分蘖叶龄期少于 3 个叶龄，如不采取特殊栽培技术，往往会造成无效分蘖期不能及时"落黄"，不利于高产群体的培育。一般旱秧的最大上限叶龄为 6 叶龄；湿润秧的最大上限叶龄可达 $N-n-1$ 叶龄期，活棵后至少长出 3 片叶才开始拔节，只要秧苗壮，基本苗栽得足，重视穗肥的施用，还是能足穗、大穗的，从而获得较高产量。

（三）湿润育秧技术要点

1. 确定适宜播量

湿润秧适宜播量应根据移栽叶龄和品种的繁茂性来确定，常规稻品种 30d 秧龄的秧田亩播种量控制在 20～25kg 为宜，杂交稻品种播种量为同秧龄常规稻品种播种量的 60%～70%。个体比较繁茂的品种播种量要适当降低，株型比较紧凑的品种播种量要适当增加。同一品种移栽叶龄大的播量应适当减少，移栽叶龄小的播量可适当增加。

2. 秧田期的肥水管理

（1）播种到 2 叶抽出：此期主攻目标是扎根立苗，防烂芽，提高出苗率。主要措施是湿润灌溉，保持秧沟有水，秧板湿润而不建立水层，直至 2 叶抽出，以协调土壤水气矛盾，以充足的氧气供应促进扎根立苗。

（2）2 叶到 4 叶期：关键是及时补充氮素营养，促进 3 叶期及早超重（秧苗干重超过原籽粒胚乳重量），保证 4 叶期分蘖。主要措施：一是早施断奶肥。在发芽和幼苗生长过程中，蛋白质于 2 叶期已消耗殆尽，淀粉在 3 叶末也被耗尽。3 叶末是秧苗彻底由异养向自养过渡的重要转折期。及早供应氮源，促进秧苗顺利度过生理转折期形成壮苗，就能促进进入 4 叶期时开始分蘖。氮素断奶肥在 2 叶期初施用，3 叶期发挥作用，上色并超重，4 叶期出现同伸分蘖。断奶肥的数量要适当，以防止氮施用过多而造成氨中毒。一般亩施尿素 5～7kg。二是逐步建立水层灌溉。2 叶期后秧苗叶片逐步增多、增大，蒸腾作用加强，叶和根系的通气连接组织已经形成，可建立水层以满足秧苗的生理和生态需水。在水层情况下，促进土壤的氨化作用，有利于秧苗对氨态氮的吸收；可以抑制好气性腐霉菌的繁殖，防止青枯病；还能缓解气温剧烈变化对秧苗的影响；水层能调节土壤 pH 值向 7 靠近，防止土壤盐渍化。

3. 4 叶期到移栽

此期的主攻目标是提高移栽后的发根力和抗植伤力。关键是促进分蘖，提高苗体的糖氮积累量，并调节适宜的碳氮比（一般为 1：14 左右）。主要措施是：一是因苗施好接力肥。施接力肥使秧苗从 4 叶期起处于旺盛分蘖状态，形成叶蘖同伸壮秧，并在移栽前 3～5d 苗色开始褪淡，以提高抗植伤力。施用接力肥，首先要根据秧龄长短，5～7 叶期移栽的中苗，就不具备于 4 叶期施接力肥的条件，着重在基肥和断奶肥中施足肥料；移栽叶龄在 8 叶以上的大苗，才具备在 4 叶期施接力肥的条件，至移栽时肥效减退，叶色褪淡。其次，在用量上，离移栽叶龄愈短的，施氮量宜少；反之，可多些。总的原则是在施肥后 1 个叶龄上色，于移栽前 1 个叶龄开始褪色，以此来掌握施用量。二是施好起身肥。在叶色褪淡的基础上，于移栽前 3～4d 施好起身肥。其作用是使氮入苗体，叶未上色，新根初萌时即行移栽。这时的秧苗处于高糖高氮状态，既可防植伤，又可增强发根力，最有利于活棵分蘖。一般亩施尿素 5～7kg。

（四）　旱育秧技术要点

1. 苗床准备

床址要选择在地势高、下雨不积水、浇水管理方便的地方，保证整个育秧期处于旱地状态；苗床土壤要达到"肥、厚、松"的要求，结构良好，保肥、蓄水、保墒能力强；土壤宜弱酸性，pH 值高于 7 则不宜作苗床；旱秧追肥的效果差，主要靠基肥，要重视苗床培肥，以有机肥和家畜粪肥为主；秸秆类在秋冬耕翻入土，腐熟的有机物宜于春季施用。播前 20d 施用速效氮、磷、钾化肥于 0～10cm 表土中；水稻为喜弱酸作物，土壤适宜的 pH 值为 6～7，根系生长的适宜 pH 值为 4.5～

5.5。在土壤 pH 值为 7 左右的中性土壤上，于早春培育旱秧，容易遭立枯病为害。为了防止立枯病应施用杀菌剂防治，对水泼浇或拌入床土中。

2. 确定适宜播量

和同龄的湿润秧相比，旱秧的苗体较小，且适宜的叶龄较低（6 叶以下），播量可稍密，但也不宜过密。江苏的研究和实践表明，粳稻品种 3~4 叶龄移栽的塑盘穴播小苗，苗床与大田比为 1：（40~50），播量一般为 120~150kg/亩；5 叶龄移栽的中苗，秧大田比 1：（30~40），苗床播量一般为 90~120kg/亩；6 叶龄的秧苗，秧大田比为 1：（20~30），播量一般为 60~90kg/亩。

3. 秧田管理

（1）播种及播后管理。播种前苗床要喷水，使 0.5m 的表土层处于水分饱和状态。播后用木板将芽谷轻压入土，并盖上准备好的床土（0.5~1cm）和麦糠（1~2cm）等覆盖物，覆盖后喷水，并施用除草剂和杀虫剂。以后及时加膜覆盖，保温保湿。如遇日均温大于 20℃时，应在膜上加盖遮阳物。

（2）苗期的水分管理。播种至齐苗：保持土壤相对持水率 70%~80%，播种后 4~5d 即可齐苗。播前一次浇透底墒水，及时盖膜可保湿至齐苗。齐苗至移栽：应以控水、健根、壮苗为主。1~2 叶期的幼苗蒸腾量少，只要底墒足，一般对水分反应不敏感。2~3 叶期秧苗，叶面积增大而根系尚不健全，对水分亏缺反应敏感，常出现卷叶死苗。因此，在齐苗揭膜后（2~3 叶期），即需喷浇一次透水，达到 5cm 土层水分饱和。4 叶期至移栽前，根系比较健壮，对土壤水分亏缺的反应不敏感，必须严格控水，即使床面开裂，只要中午叶片不打卷，就不必补水。同时要清理田间排水沟系，保证下雨秧田无积水，防止旱秧水害，失去旱秧优势。对中午卷叶的旱秧，可在傍晚喷水，使土壤湿润即可。

（3）秧苗追肥。旱秧床土培肥达到要求的，一般不需追肥。苗床培肥达不到标准的，要重视追肥（但追肥的效果不如基肥好），一般在 3 叶期（2 叶 1 心）施用效果较好。亩施尿素 10~15kg，过磷酸钙 20kg，氯化钾 5~7kg，混合对成 1% 的肥液，于下午 4 时后均匀喷施。

干肥撒施，容易造成肥害。

三、基本苗的精确定量与提高栽插质量

（一）基本苗数的确定

基本苗是群体的起点，确定合理基本苗数是建立高光效群体的一个极为重要的环节。确定合理基本苗的指导思想是走"小、壮、高"的栽培途径，用较少的基本苗数，通过充分发展壮大个体构建合理群体，尽可能多地利用分蘖去完成群体适宜穗数，提高成穗率和攻取大穗，以提高群体的总颖花量和后期高光合生产积累能力，获取高产。基本苗数过多或过少，均不利于获取高产。

大面积生产中，常出现"大苗栽不足，小苗栽过头"的现象，主要是由于大苗分蘖多，中、小苗分蘖少，栽时大苗感觉多，小苗感觉少而造成的。大苗栽后有效分蘖节位少，大田发生的分蘖少，要达到预定的穗数，必然要栽较多的基本苗，如 17 叶的杂交稻组合，亩穗数要达到 17 万，8 叶期时移栽要栽 7 万 ~ 8 万/亩基本茎蘖苗，而小苗移栽后有效分蘖节位较多，大田发生的分蘖数也较多，要达到预定穗数，基本苗数则不必过多，如同一品种 5 叶期时移栽只需 4 万/亩基本茎蘖苗数。大苗移栽时秧苗个体较大，叶片较长，栽后很容易给人以苗数较多的感觉，往往会减少栽插苗数，而小苗个体小，叶片短，往往会给人以苗数不足的感觉，移栽时也会一穴栽上过多的苗数，因此要防止"大苗栽不足、小苗栽过头"的现象。

1. 基本苗计算的基本公式

合理基本苗数（X）应是单位面积适宜穗数（Y）除以每个单株的成穗数（ES）。在理论上的通用公式为：

$$X（合理基本苗数，万/亩）= \frac{Y（适宜穗数，万/亩）}{ES（单株成穗数，穗/株）}$$

适宜穗数（Y）的确定。每亩适宜穗数是指达到最高产量水平时所必需的穗数范围，因品种、栽培方式不同而异。同一品种，在一定地区（较大范围）或栽培方式下，其适宜穗数是相对稳定的，它是一个已知数。可由 2 种方法求得：第 1 种方法是通过该品种高产田块穗数的众数

获得。如江苏省水稻品种亩产达 600kg 以上时，汕优 63 每亩穗数在 18 万左右，武粳 15 在 22 万～24 万，淮稻 9 号在 21 万～23 万，武育粳 3 号在 26 万～28 万。第 2 种方法是根据某一品种多年的生产实践确定每亩适宜穗数，主要是通过历年该品种的穗数（y）和产量（x）相关性进行分析，从而得出最适穗数值。如根据某品种穗数和产量的关系，得出回归方程：$y = 108.38 + 30.79x - 0.5744x^2$，由此计算出每亩穗数 26.8 万时，产量最高，最适穗数范围为 26 万～28 万/亩。应用统计分析的方法确定适宜穗数，一是要大幅度调查不同穗数的产量水平；二是要对这些数字进行统计分析，建立多项式回归方程并检验其显著性；三是根据方程中有关参数计算最适穗数，再结合生产实际确定最适穗数范围。

单株成穗数（ES）的确定。可用移栽后至有效分蘖临界叶龄期（$N - n$）前单株有多少个有效分蘖叶位（叶龄），能产生多少个同伸分蘖数的理论值×分蘖可靠的发生率（r）求得。按照叶蘖同伸规则，有效分蘖叶龄数及其相应产生的有效分蘖理论值，列入表 3 - 3，以便于生产应用。如从移栽到有效分蘖临界叶龄期的有效分蘖叶龄数为 5 个，则从表中可知其有效分蘖的理论值为 8 个；如叶龄数为 5.5 个，则有效分蘖的理论值应为（8 + 12）/2 = 10 个。

表 3 - 3　本田期主茎有效分蘖叶龄数与分蘖发生理论值的关系

主茎有效分蘖叶龄数（A）	1	2	3	4	5	6	7	8	9	10
一次分蘖理论数	1	2	3	4	5	6	7	8	9	10
二次分蘖理论数				1	3	6	10	15	21	28
三次分蘖理论数							1	4	10	20
分蘖理论总数（B）	1	2	3	5	8	12	18	27	40	59
C 值（应变比率）= B/A	1	1	1	1.25	1.6	2.0	2.6	3.38	4.44	5.9

注：C 值可列入公式作为计算的应变参数，如（X）C 的 X 值为 3 时，则（3）$C = 3 \times 1 = 3$ 个理论分蘖数；X 值为 5 时，则（5）$C = 5 \times 1.6 = 8$ 个理论分蘖数；X 值为 7 时，则（7）$C = 7 \times 2.6 = 18$ 个理论分蘖数

2. 中、大苗移栽的基本苗的计算

中、大苗移栽时秧苗分为主茎和分蘖两部分，移栽后的单株成穗数

包括主茎和秧田分蘖移入本田后其本身成穗和产生的有效分蘖穗。其合理基本苗计算公式为：

$$X = \frac{Y}{(1 + t_1) \times [1 + (N - n - SN - 1 - a) \times Cr_1] + t_2 r_2}$$

式中，Y、N、n 在一个地区的具体品种上，是相当稳定的，可看作是当地的常数；SN 为移栽时秧苗的叶龄数，t_1 为移栽时秧苗带 3 叶以上分蘖的个数，t_2 为移栽时秧苗带 2 叶以下分蘖的个数，这 3 个数值可以在移栽前通过烤苗得知；C 为调节系数，根据括号内求出的数值而定，括号内数值为 1、2、3、4、5、6、7、8 时，对应的 C 值分别为 1、1、1、1.25、1.6、2、2.6、3.38；a 为调节值，r_1 为移栽后主茎和 3 叶以上大蘖在本田期的有效分蘖发生率，r_2 为 2 叶以下小蘖移入本田后的成活率，关于 a、r_1、r_2 3 个参数的取值方法，通过观测资料积累，可以知其变化规律，择取其适宜值。以江苏的调查结果举例如下。

（1）调节值 a：5 个伸长节间以上的品种，在中苗移栽情况下，a 值一般均取 0.5~1.0（在 $N - n$ 叶龄期之初够苗）；在大苗移栽情况下，a 值取 0~0.5 为宜。4 个伸长节间的短生育期品种，一般在 $N - n$ 及 $N - n + 1$ 叶龄期够苗，a 值常取 -0.5~0。

（2）有效分蘖发生率 r_1：在秧苗开始进入分蘖滞增叶龄期及时移栽的壮秧，单季粳稻为 0.6~0.9，中籼稻为 0.7~0.9。其中，小苗移栽的一般可达 0.85~0.9，中苗移栽的一般均可达 0.8~0.9，大苗移栽的为 0.6（粳稻）~0.7（籼稻）。双季早稻以 0.6~0.7 计算较为可靠。

秧苗二叶以下小蘖的成活率 r_2　小蘖的成活率高低与移栽是否及时有关，江苏的单季稻，在壮秧适期移栽的条件下，通常中苗取 0.3~0.5，大苗取 0.5~0.7 比较适宜。

（3）基本苗计算公式应用实例。

① 中苗移栽的基本苗计算实例：如某一品种常年总叶片数 17 叶，伸长节间数 5 个，适宜穗数 24 万/亩，移栽时叶龄 7 叶（6 叶 1 心），秧苗带 3 叶以上大蘖 1 个，2 叶以下小蘖 1 个。根据秧苗素质，把分蘖发生率设计为 0.8，小蘖成活率为 0.4，a 值为 1，计算得基本苗数为：

$$X = 24 / \{ (1 + 1) \quad [1 + (17 - 5 - 7 - 1 - 1) C \times 0.8] + 1 \times$$

$0.4\}$ =3.33（万株/亩）。

实际每亩栽插 1.67 万穴（行株距为 30cm×13.3cm），每穴 2 苗，保证 3.33 万株基本苗。

② 大苗移栽的基本苗计算实例：如某一品种常年主茎总叶片数为 17 叶，伸长节间数为 5，亩适宜穗数为 18 万，移栽时秧苗叶龄为 8 叶，秧苗带蘖 3 个，其中 3 叶以上大蘖为 2 个，2 叶以下小蘖为 1 个，调节值 a 取 0，分蘖发生率 r_1 取 0.7，小蘖成活率 r_2 取 0.6，计算得基本苗数为：

$X = 18/\{(1+2)[1+(17-5-8-1-0)C×0.7]+1×0.6\} = 1.82$（万株/亩）。

实际每亩栽插 1.67 万穴（行株距为 30cm×13.3cm），每穴平均 1.09 苗，保证 1.82 万株基本苗。

3. 小苗移栽的基本苗的计算

小苗移栽有塑盘穴播带土移栽（或抛秧）和机插等形式，它们共同的特点是移栽叶龄小（3 叶 1 心～4 叶 1 心），一般不带分蘖或虽带 1~2 个小蘖，但移栽后多数死亡。小苗移栽的单株成穗数决定于本田期的有效分蘖叶龄数及其分蘖发生率。其合理基本苗计算公式为：

$$X = \frac{Y}{1+(N-n-SN-bn-a)×Cr}$$

式中，Y、N、n、SN 和 C 等均为已知数；bn 为移栽至始蘖间隔的叶龄数，a 为在 N - n 叶龄期前够苗的叶龄调节值，r 为分蘖发生率，这 3 个参数在塑盘穴播带土移栽与机插小苗之间差异较大。

塑盘穴播带土移栽（包括抛秧）的小苗移入大田后，一般没有缓苗期，bn 值为 0；有效分蘖的发生率 r 值一般均高达 0.8～0.9；有效分蘖叶位数利用以 7.0～7.5 个为宜，在此叶位数以内时，a 值可取 0；达 8 个时，a 值应取 0.5；9 个时，a 值为 1.5；10 个时，a 值应取 2.5。

机插小苗由于苗床密度大，基部 1、2、3 三个叶位的分蘖芽发育受到抑制，在 3 叶期（2 叶 1 心）移栽的情况下，2、3 叶位的分蘖芽尚能发育分蘖，bn 值为 1；而在 4 叶期移栽时，这 3 个分蘖芽全部休眠而成缺位，要到第 7 叶期长出时，才在第 4 叶位上发生分蘖，bn 值为 2；5 个以上伸长节间品种的调节值 a 为 1；分蘖发生率 r，在播种量适宜，秧龄 18～20d 的情况下，可以达到 70%～80%；随着秧龄的延长，分蘖发生率下降，秧龄达 25d 以上时，分蘖发生率下降至 50%～60%。

4. 基本苗计算公式应用实例

（1）塑盘穴播带土移栽的基本苗计算实例：如某一品种平均 17.5 叶，伸长节间 6 个，亩适宜穗数 21 万（20 万～22 万），合理基本苗的确定是要求在 11.5 叶龄时群体总茎蘖数达到 21 万/亩左右。采用塑盘穴播，每穴 1 苗，于 4.1 叶龄移栽。移栽后基本无缓苗期，bn 值为 0，从移栽至有效分蘖叶龄期有 7.4 个有效分蘖叶龄，a 值取 0，分蘖发生率取 0.85。计算得基本苗数为：

$X = 21 / [1 + (17.5 - 6 - 4.1 - 0 - 0) C \times 0.85] = 1.09$（万株/亩）。

每亩实际栽插 1.11 万穴（行株距为 30cm×20cm），每穴 1 苗，保证 1.09 万株基本苗。

（2）机插小苗的基本苗计算实例：如某一品种总叶片数 $N = 16$，伸长节间数 $n = 5$，移栽叶龄 SN 为 4，秧龄 20d 移栽，分蘖发生率取 0.75，要求提前 1 个叶位够苗，a 值取 1，亩适宜穗数为 26 万，则适宜基本苗数为：

$X = 26 / [1 + (16 - 5 - 4 - 2 - 1) C \times 0.75] = 5.47$（万株/亩）。

每亩实际栽插 1.67 万穴（机插规格 30cm×13.3cm），每穴平均取苗 3.28 苗（3～4 苗）。

如秧龄延长至 25d，分蘖发生率要下降为 0.6 左右，经公式计算，基本苗应加大为 6.5 万株/亩。相同的机插规格，每穴取苗调为 3.89 苗（4 苗）。

5. 直播稻基本苗的计算及实例

直播稻没有移栽过程，单株成穗数包括一个主穗及其产生的分蘖穗。其基本苗计算公式为：

$$X = \frac{Y}{1 + (N - n - bn - a) \times Cr}$$

式中，bn 是指群体开始分蘖叶龄期减 1（如 5 叶期开始分蘖，则

$bn = 5 - 1 = 4$）。水稻在直播条件下，由于大田苗期营养条件不足，直播苗一般要到 5 叶以后才开始分蘖，bn 值取 4，具有普遍意义。直播稻的够苗叶龄，5 个伸长节间以上的品种，和机插小苗一样，一般要较 $N - n$ 提前一个叶龄，a 值取 1。分蘖发生率 r 一般为 0.4 ~ 0.6，田肥、平整度好，r 值取高值，反之取低值。

如一个杂交粳稻品种直播时的 $N = 16$，$n = 5$，高产的适宜穗数为 22 万/亩，分蘖发生率 r 为 0.5。则适宜基本苗数为：$X = 22/$〔$1 + (16 - 5 - 4 - 1)$ C × 0.5〕= 3.14（万株/亩）。

（二）提高栽插质量

1. 扩大行距，宽行窄株

20 世纪 50 年代，当时的施肥水平低，强调通过密度充分利用光能增加产量，水稻的行距普遍只有 16.5 ~ 20cm，在当时对增产起了显著作用。随着施肥水平的提高，过小的行距，使水稻在拔节期后即封行，严重影响群体长穗期和开花结实期光合生产力，制约了产量的提高。扩大行距，控制高峰苗数和延迟封行时期（至孕穗期封行），有利于通风透光，改善中、后期群体内的光照条件，是夺取高产的关键措施。

高产栽培的实践证明，在保证足穗的基础上攻取大穗，一个重要措施是缩减基蘖肥，增加穗肥的施用量。扩大行距才能为增加氮素穗肥用量创造必要的条件，增强稻株对氮素穗肥的同化能力，平衡糖氮代谢，带来一系列的好处：提高茎蘖成穗率，确保穗数，增进颖花分化的发育能力，形成大穗；抑制茎、叶伸长，增加茎秆强度和抗倒能力；减轻病害；促进中后期根的生长（尤其是上层根），延缓结实期中、下部叶片的衰老，提高结实期光合生产积累能力，对增加结实率、粒重和改善米质与食味等有显著作用；扩大行距，还可以提高分蘖期的水温，促进寒地水稻的分蘖。

扩大行距是必要的，但并非愈宽愈好，平均行距过大（40cm）也是不宜的。要根据品种特性、土壤肥力、生产条件、育秧方式、栽培方法和产量水平有所调节。从大面积高产生产实践看，现行的高产品种单季粳稻的平均行距 26.5 ~ 30cm 具有普遍性；籼型杂交稻可扩大到 30 ~

33cm；双季早晚稻以 23～26.5cm 为宜；机插小苗为 30cm。在大气湿度大的地区，采用 2 叶期芽苗移栽，把穴距扩大到 40cm 以上，每穴 3 苗（穴内苗距 10cm）的三角形丛栽法（称三维栽培法），对大气高湿地区具有适应能力，也是一种有效的扩行高产技术。江苏各地高产田（700kg/亩）的行距都在 26cm 以上，多数在 30cm，还未见低于 26cm 的。

行株距的配置，一般中苗移栽的，杂交籼稻以行距 30～33cm、株距 12～16cm，每亩栽 1.2 万～1.5 万穴，基本茎蘖苗 8 万～10 万为宜；常规中粳稻以行距 23～26cm，株距 13cm 左右，每亩栽 2 万～2.2 万穴，基本茎蘖苗 10 万～12 万为宜；单季晚粳以行距 26～30cm，株距 13cm 左右，每亩栽 1.8 万～2.0 万穴，基本茎蘖苗 6 万～8 万为宜；双季早、晚稻以行距 23～26.5cm、株距 12～13cm，每亩栽 2 万～2.2 万穴，基本茎蘖苗 10 万～12 万为宜。以上行距再扩大，则过稀，难封行，成穗不足，穗型不整齐，难以高产；行距过小则封行过早，群体恶化，穗型变小，影响穗肥施用。同时在栽插行向上，尽量采用东西行向，以利充分合理利用光能。

2. 浅插

水稻的分蘖芽处于离地表 2cm 左右时，分蘖才能顺利发生，并苗壮成长。分蘖节入土过深（大于 3cm）时，分蘖节下端的节间会伸长，形成地中茎，将分蘖节送至离地表 2cm 左右处再行分蘖；入土过深，甚而会伸长两个以上地中茎节间。水稻每伸长一个地中茎节间，分蘖便推迟一个叶龄，就缺少一个一次有效分蘖以及其上能产生的若干有效二次分蘖，单株穗数大为减少，深栽危害极大。

浅插是早发的必要前提，栽插深度以 2～3cm 为宜，小苗移栽的还应适当再浅些。通过基本苗的精确定量，扩大行距和肥料的合理运筹来构建高产群体，都是以浅插来保证的。浅插是不增加工本的高效栽培措施。目前生产中，深插往往是一个普遍存在的问题。解决深栽的前提条件是表土要沉实，田面要平整，水深要适宜，耢田后待泥浆水淀清后再移栽。在浅栽的基础上，要努力做到栽匀，以促进群体平衡生长，便于田间管理。

3. 改无序抛秧为点抛或条抛，提高抛栽质量

我国南方农村劳力缺乏、不具备应用机插条件的地区，抛秧是水稻栽培的主要方式之一。但抛秧的无序分布，没有株行距，给水稻群体的中后期健康发展带来一系列的不良因素，限制了产量的提高。因此，抛秧技术必须改进，抛秧的质量必须提高。改革的途径是条抛，形成规格的行穴距；或点抛，像三维栽培那样发挥丛栽优势；并控制合理基本苗数。

同时要提高抛秧的均匀度，育秧时防止秧苗从盘间串根或粘连，先小面积定量试抛，估算实际基本苗数，再调整适宜苗数，先远后近分次抛，掌握抛秧高度，太低抛不匀，大风不抛，要预备 10% ~ 20% 的补秧苗，分散疙瘩苗、重叠苗，清除大于 1 000 cm² 的空穴，否则会导致减产。

还要防止抛栽过深或过浅，秧丛抛栽深度以 1 ~ 2 cm 为宜，既可以获得较多的穗数，更利于取得较大的穗型。为此，抛栽时要做到田面无水层，土壤软烂，秧丛带土抛栽。

4. 提高机插稻栽插质量

首先要精细整地，沉实土壤。麦秸秆还田情况下，更要强调提高整地质量。大田整地要做到田平，全田高低差不超过 3 cm，表土上烂下实。水田整平后需沉实，沙质土沉实 1 d 左右，壤土沉实 1 ~ 2 d，黏土沉实 2 ~ 3 d，待泥浆沉淀、表土软硬适中、作业不陷机时，保持薄水机插。

其次是调节插秧机栽插深度及栽插株距和秧爪取秧面积。栽插深度控制在 2 cm 左右，调节株距和取秧面积使栽插密度和穴栽插苗数符合计划要求。

三是保持田间水层深度 1 ~ 3 cm 机插，既有利于清洗秧爪，又不漂不倒不空插，可降低漏穴率，保证足够苗数。

四是培训机手，熟练操作。行走规范，接行准确，减少漏插，提高均匀度，做到不漂秧、不淤秧、不勾秧、不伤秧。

在提高栽插质量上，除了上述内容，还要注意适时栽插以及提高拔秧和起运秧的质量等方面。

四、施肥的精确定量

肥料施用与否、施用量、施用时期等，不仅影响水稻产量的高低、品质的优劣，而且还往往由此影响病虫害的发生，导致农药用量和次数的变化。目前，在我国水稻生产成本中，肥料一般占 50% 以上。过量施肥、不合理施肥是施肥中存在的主要问题，它使肥料利用率下降，大量肥料被浪费损失，污染环境，而且降低产量和品质，影响食品安全。精确计算肥料用量，节省用肥，合理运筹施肥，是实现水稻生产"高产、优质、高效、生态、安全"综合目标的最关键栽培技术。

（一）氮、磷、钾肥料合理施用比例的确定

水稻对氮、磷、钾三要素的吸收必须平衡协调，才能取得最大肥效和最高产量。高产水稻对氮（N）、磷（P_2O_5）、钾（K_2O）的吸收比例为 $1:0.45:1.2$，这是反映三要素营养平衡协调的重要生理指标。但田间具体施肥应根据土壤特性、肥力和三要素的含量，通过农业部推荐的测土配方施肥试验来确定，这个方法又称"3414"法。

试验的基本设计："3414"是指该试验中设计的氮、磷、钾 3 个因素、4 个用量水平、共 14 个处理的简称，4 个水平编码值为 0、1、2、3（即 4 级）。0 指不施用肥料，2 指当地最佳施肥量的近似值，1 是 2 的一半量，3 是 2 的 1.5 倍量（代表过量）（表 3 - 4）。

表中的 14 个处理，除可进行氮、磷、钾三元二次效应方程拟合外，还可分别进行氮、磷、钾中任意二元或一元效应方程的拟合。例如，进行氮磷二元效应方程拟合时，可选用处理 2、3、4、5、6、7、11、12 等 8 个处理的结果，求得在以 K_2 水平为基础的氮、磷二元二次肥效应方程。又能选用处理 2、3、6、11 可求得 P_2K_2 水平为基础的氮肥效应方程；选用处理 4、5、6、7 可求得 N_2K_2 水平为基础的磷肥效应方程；选用处理 6、8、9、10 可求得 N_2P_2 水平为基础的钾肥效应方程。

实施好"3414"法，尤其要注意 2 水平的合理确定，它应代表当地最佳水平施肥量，并采取合理的运筹。

通过实施"3414"测土配方施肥试验，明确当地水稻获得高产的

氮、磷、钾三要素合理施用比例后，首先要解决氮肥的精确定量施用问题，而磷肥全部作基肥施用，钾肥作基肥和拔节肥前后各占 50%。

表 3 – 4　"3414"试验方案处理

处理	编码值		
	N	P_2O_5	K_2O
1　$N_0P_0K_0$	0	0	0
2　$N_0P_2K_2$	0	2	2
3　$N_1P_2K_2$	1	2	2
4　$N_2P_0K_2$	2	0	2
5　$N_2P_1K_2$	2	1	2
6　$N_2K_2P_2$	2	2	2
7　$N_2P_3K_2$	2	3	2
8　$N_2P_2K_0$	2	2	0
9　$N_2P_2K_1$	2	2	1
10　$N_2P_2K_3$	2	2	3
11　$N_3P_2K_2$	3	2	2
12　$N_1P_1K_2$	1	1	2
13　$N_1P_2K_1$	1	2	1
14　$N_2P_1K_1$	2	1	1

（二）氮肥的精确定量施用

氮肥的精确定量施用包括施氮总量的确定，基肥、分蘖肥与穗肥比例的确定，以及根据苗情对穗肥施用作合理调节等 3 个方面。

1. 施氮总量的确定

施氮总量的求取，可用斯坦福（Stanford）的差值法求取，其基本公式为：

$$施氮总量（kg/亩）=\frac{目标产量需氮量（kg）-土壤供氮量（kg）}{氮肥的当季利用率（\%）}$$

公式的实际应用首先要明确目标产量需氮量、土壤供氮量及氮肥的当季利用率 3 个参数，确定施氮总量。然后合理确定基蘖肥与穗肥的分配比例和施用时间。

关于 3 个参数的值，根据江苏多年多点比较试验测定的结果，在一定地区范围内，同一品种类型、同一土壤肥力、同一产量等级的 3 个参数的值是比较稳定的。

（1）目标产量需氮量的求取：目标产量需氮量＝目标产量×100kg稻谷需氮量/100。江苏现有的常规中晚熟粳稻品种亩产 500～750kg 的百千克稻谷需氮量为：亩产 500kg 时为 1.85kg（1.8～1.9kg），600kg 时为 2.0kg（1.9～2.1kg），700kg 以上时为 2.1kg（2.0～2.2kg）。杂交粳稻较常规粳稻省肥，其亩产 700kg 以上高产田的百千克稻谷需氮量为 1.95kg 左右。

籼型杂交水稻的百千克稻谷需氮量江苏的测定比同产量等级的粳稻低 0.2kg，亩产 700kg 的高产田百千克稻谷需氮量为 1.9kg 左右；在云贵高原测定，亩产 700～1 200kg 的籼型杂交稻高产田，百千克稻谷需氮量多数在 1.75kg 左右（1.7～1.8kg）；对双季稻百千克稻谷需氮量在湖南测定，亩产 600kg 的双季早稻和晚季稻为 1.8kg 左右（1.7～1.9kg）。可见，在各地气候、生态和栽培条件不同下，高产田百千克稻谷需氮量是略有不同的，应求出当地代表品种在不同产量水平时的百千克稻谷需氮量。

（2）土壤供氮量的求取：土壤供氮量＝基础地力产量×无氮空白区 100kg 籽粒吸氮量/100。空白区基础产量的每 100kg 稻谷需氮量也随地力提高而增加，且受土壤特性的影响。基础产量同为每亩 400kg 左右的地力水平，每百千克稻谷的需氮量，黏土地为 1.7kg（1.6～1.9kg），而沙土地为 1.5kg（1.4～1.6kg）。按不同土类建立基础产量与百千克稻谷吸氮量和土壤供氮量的回归方程，便可根据基础产量较精确地判明土壤供氮量。

基础地力产量受品种、茬口等影响。江苏测定结果，前茬小麦时，水稻基础产量为 400kg 的田块，若前茬种植油菜，水稻基础产量会提高至 450kg 左右。在同一田块上种植生育期长短不同的品种，土壤的供氮量也不同。江苏的测定，生育期差别在 10d 以上的品种，基础产量差异在 23kg/亩左右，土壤供氮量的差异在 0.58kg/亩，差异一般在 5% 左右。生育期相同的籼粳之间、同为粳稻的常规品种和杂交稻之间亦有显著差异。应选择当地的主体品种分别测定，或在同一田块上，种植不同类型品种的氮素空白区，测定其土壤供氮量，按品种类型归纳出共性参数，以备品种更换时参照应用。因此，应分地区、按土类、地力和前茬分别测定，大量积累资料。

土壤供氮量指标值在年度间是比较稳定的，一般可应用 3~5 年时间。但如出现更换品种类型或者耕作制度（茬口）和施肥量上发生重大变化时，应重新测定。

（3）氮素当季利用率的求取：氮素当季利用率的确定，必须以高产田（700kg/亩）的施肥实践为主要测定对象，采用的品种、基本苗、行穴距、N、P、K 配合比例和其他栽培技术的配合，都符合高产栽培的要求。大量试验研究表明，40% 的氮素当季利用率，是夺取高产的临界值指标，也是氮素高效利用的指标值。在栽培定量水平高的条件下，以 42.5%~45% 的氮素当季利用率作为计算参数，可获得高产省肥的效果。

2. 基蘖肥与穗肥施用比例的确定

根据江苏各地多年多点基蘖肥与穗肥施用比例（8:2~3:7）的试验（施氮量 12.5~18kg/亩）结果，总叶龄 17 叶左右、伸长节间数 5 个以上的单季稻品种，中小苗移栽的（7 叶龄以下）基蘖肥与穗肥比例以 6:4~5:5（平均为 5.5:4.5）出现高产的频率最高，中大苗（7 叶龄以上）移栽的，以 5:5~4:6 的高产频率最高。基蘖肥比例过大（>70%）的群体，穗虽稍多，但无效分蘖多，成穗率低，穗小而产量不高。穗肥比例过大（>70%）的群体，穗虽大但穗数不足，产量不高，氮素当季利用率也不高。

对 5 个以上伸长节间的单季中粳稻大、中、小苗移栽不同的基蘖肥与穗肥施用比例的试验结果表明（表 3-5），在小苗（3.5 叶龄）移栽时，以基蘖肥与穗 6:4 时产量最高，氮素的当季利用率也最高；中苗（6.5 叶龄）移栽时，以 5:5 的产量和氮素利用率最高；大苗（9 叶期）移栽时，以 4:6 的产量和氮素的当季利用率最高。这是因为，小苗在大田期，穗分化以前的营养生长期较长，故以 6:4 为宜；大苗在大田期的营养生长期较短，故基蘖肥的比例较小，以 4:6 为宜。所以，只有考虑上述移栽叶龄大小对基蘖肥与穗肥作合理配比时，才能获得最高的产量和最高的氮素当季利用率，且使高产和优质、高效得到较好的协调统一。

表3-5 不同基蘖肥与穗肥比例对大、中、小苗产量和氮素利用率的影响

基蘖肥：穗肥	小苗		中苗		大苗	
	产量（kg/亩）	氮素利用率（%）	产量（kg/亩）	氮素利用率（%）	产量（kg/亩）	氮素利用率（%）
8：2	550.9	38.3	578.8	34.9	530.0	34.4
7：3	578.8	39.6	597.2	37.7	553.0	37.5
6：4	597.4	40.9	623.3	40.3	569.6	40.3
5：5	584.8	40.4	648.8	43.3	597.0	42.8
4：6	567.2	39.6	633.3	42.6	621.9	44.5
3：7	531.4	37.6	613.3	42.4	605.9	42.5
2：8	507.6	37.4	583.3	37.4	572.2	38.7
无氮空白区	338.7		341.8		318.4	

注：品种为中粳早丰9号，17叶，5个伸长节间。施氮总量为15kg/亩。小苗：3.5叶龄移栽，中苗：6.5叶龄移栽，大苗：9叶期移栽

4个伸长节间双季早晚稻及单季稻品种在获得最高氮肥当季利用率和最高产量时的基蘖肥与穗肥的合理比例和5个以上伸长节间的品种有显著的区别，为7：3～6：4。

（三）基肥与分蘖肥的施用比例及时间

1. 基肥与分蘖肥的施用比例

中、大苗移栽的，基肥一般应占基蘖肥总量的70%～80%，分蘖肥占20%～30%。

机插小苗移栽的，由于小苗移栽后对基肥的吸收利用率很低，基肥宜少，以占基蘖肥总量的20%～30%为宜；以分蘖肥为主，占基蘖肥总量的70%～80%。如以70%～80%的比例施用基肥，如土壤通透性差，常会引起僵苗。

塑盘穴播带土移栽的小苗，重施送嫁肥，可使秧苗移入本田后在根际集中较高的氮素浓度，显著提高肥效。据测定，秧田施30～40kg尿素作送嫁肥，折大田0.8～1.0kg/亩尿素，在分蘖期发挥的肥效相当于大田普施基蘖肥3～4kg氮素在分蘖期的肥效，应在基蘖肥中扣减。

2. 施用时间

基肥在移栽前整地时耕（旋）入土中，以减少氮素的损失，要求

均匀，土肥相融。

分蘖肥应在长出新根后及早施用。中、大苗移栽，应于移栽后 1 个叶龄（约 5d）施用。施后离有效分蘖临界叶龄期一般有 4 个左右（3 ~ 5）叶龄期，不宜再施第二次分蘖肥。如在 $N - n$ 叶龄期前发现肥力不足，也不宜施氮肥，在施用穗肥时加以补救；如在 $N - n - 2$ 叶龄期以前发现明显的"黄塘"或缺肥，可及时补施少量氮素肥料促平衡，用量以能在 $N - n$ 叶龄期以后及时褪淡为度。

机插小苗分蘖肥在移栽后出生第 2、第 3 新叶时施用，能有效促进第 7、第 8、第 9、第 10 及第 11 叶龄期同伸有效分蘖的发生，确保形成适宜穗数，同时又能在够苗时肥效明显减弱，控制无效分蘖，提高肥料利用效率。

塑盘穴播带土移栽的小苗，4 ~ 5 叶期移栽，第一次施蘖肥在移栽后的一个叶龄，为计划量的 60% 左右，第二次在第一次后的 2 个叶龄，占 40% 左右。二次蘖肥既能提高肥效，又能保证 $N - n$ 叶龄期后叶色及时褪淡。追分蘖肥时宜薄水，施后落干，以利提高肥效。

（四）穗肥精确施用的调节

在施氮总量和前后分配数量被确定，且按计划施用了基蘖肥后，在施用穗肥时，必须根据 $N - n$ 叶龄期群体茎蘖苗数和顶 4 顶 3 叶的叶色差，对穗肥的施用时间和数量分配，进一步做微量调节。总体分 4 类苗情：

1. 群体适宜，叶色正常

群体在 $N - n$ 叶龄期前按时够苗，$N - n$ 叶龄期后叶色按时"落黄"，达到预期的发展要求，则可按原定的穗肥总量，分促花肥（倒 4 叶露尖，占穗肥总量的 60% ~ 70%）、保花肥（倒 2 叶出生，占穗肥总量的 30% ~ 40%）二次施用，效果最好，群体产量最高，稻米品质也最好。

2. 群体适宜或较小，叶色落黄较早

如群体落黄早，出现在 $N - n$ 叶龄期，或 $N - n$ 叶龄期不够苗，应提早到倒 5 叶期开始施穗肥，并于倒 4 叶、倒 2 叶分三次施用，氮肥的数量比原计划要增加 10% ~ 15%，三次施用的比例一般以 3 ∶ 4 ∶ 3 为好。其作用，首先是争取 $N-n+1$ 叶龄期的分蘖成穗，增加穗数，又不会导致无效分蘖的增加；同时长穗期持续稳定地保持较高的氮素营养水平，可以显著促进大穗，是对前期发展稍有不足群体的有效调节，有利于夺取高产。

3. 群体适宜，叶色过深

如 $N-n$ 叶龄期以后顶 4 叶叶色 > 顶 3 叶，穗肥一定要推迟到群体叶色"落黄"时才能施用，且次数只宜一次，数量要减少，作保花肥施用。

4. 群体过大，叶色正常

对于 $N-n$ 叶龄期苗过多，高峰苗达适宜穗数 1.5 倍以上的过大群体，只要在 $N-n+1$ 至 $N-n+2$ 叶龄期能正常"落黄"的，还应按原计划在倒 4 叶及倒 2 叶施用穗肥，穗肥用量不能减少。因为这类已经"落黄"的群体需氮量大，有了足够的穗肥，保证强势茎蘖的需要，能获得较多的穗数，夺取高产。

五、水分的定量调控

水稻是我国最重要的灌溉作物之一。研究和发展水稻水分定量调控技术，既能满足水稻生理和生态需水要求，对水稻高产和改进稻米品质有利，又能节约用水，对改善稻田的环境、生态有利。水分定量调控，前期以有效控制无效分蘖发生、提高茎蘖成穗率为重点，中后期以全面提高群体质量、增强结实群体光合生产力为目的。超级稻水分的定量调控技术，按活棵分蘖期、控制无效分蘖期、长穗期和结实期 4 个时期实施。

（一）活棵分蘖阶段

以浅水层（2 ~ 3cm）灌溉为主。移栽苗龄不同，水层灌溉应有所差异。

1. 中、大苗移栽的苗体比较大

移入大田后需要水层护理，以满足生理和生态两方面对水分的需求，有利于调节田间适宜的温湿度，维持水分平衡，防止萎蔫，减轻植伤，促进发根活棵。分蘖期秧苗吸氮以铵态氮为主，水层能促进土壤的铵化作用和稻苗分蘖生长。故从移栽后到分蘖期，从生理、生态两方面来看，应以浅水灌溉为主，结合两次灌水之间的短期落干，露田通气。

2. 机插小苗的苗体较小

叶面蒸发量不大，加之，根部带部分土移栽，移入大田后，保持土壤湿润即可满足生理需水的要求。其主要矛盾是保持土壤通气，促进秧苗尽快发根。在南方稻区，移栽后一般不宜建立水层，宜采用湿润灌溉的方式。阴天无水层，晴日灌薄水，1～2日后落干，再上薄水。待长出1个叶龄秧苗活棵后，断水露田，田间保持湿润状态，进一步促进发根。待移栽后长出第二片叶时，苗体已较大，此时结合施分蘖肥开始建立浅水层，并多次落干露田通气，维持到整个有效分蘖期。

塑盘穴播带土移栽的小苗，发根力强，移栽时薄水。移栽后阴天可不上水，晴日灌薄水。2～3d后即可断水落干，促进根系深扎。活棵后浅水勤灌。

（二）控制无效分蘖的精确搁田技术

搁田通常在无效分蘖期到穗分化初期这段时间内进行，一般从有效分蘖临界叶龄前一个叶龄开始（$N-n-1$叶龄期）至倒3叶期结束。即：在$N-n-1$叶龄期，当群体总茎蘖数达到预期穗数苗的80%左右（70%～90%）开始排水搁田。搁田效应发生于$N-n$叶龄期，被控制的是$N-n+1$叶龄期起发生的无效分蘖。搁田都要求在倒3叶末期结束，进入倒2叶期，田间必须复水。

搁田不宜过重，应采取分次轻搁的方法。分次轻搁就是每次搁田时间约为0.5个叶龄期，即4～5d，搁田后，当0～5cm土层的含水量达最大持水量的70%～80%时再复水。搁田搁到田中土壤沉实不陷脚，田面露白根，叶色褪淡落黄即可，既抑制了无效分蘖的大量发生，又控制了基部节间的伸长，提高了群体质量，增强了群体抗倒伏力。具体搁田因品种类型而异，对4个伸长节间的早稻搁田宜在倒5叶到倒3叶初进行，搁田叶龄少，宜一次轻搁就够了，5个伸长节间的中稻在倒6叶到倒 3 叶露尖，搁田叶龄多，进行 2～3 次轻搁，6 个伸长节间的晚稻，在倒 7 叶到倒 3 叶露尖，搁田叶龄多，可进行 3～4 次轻搁田。搁田还要看稻田的土质、地势，通常碱性土、黄泥土和地势高爽的稻田要轻搁，而黏土、地势低洼的稻田可重搁。

如果群体够苗过早，搁田要相应提前，这就是所说的"苗到不等时"，这类苗要适当重搁。如果稻田群体不足，迟迟不能够苗，可适当推迟搁田，但到了 $N-n+1$ 叶龄期，无论如何都要搁田，这就是所说的"时到不等苗"，这类苗要适当轻搁。

搁田还必须和肥料施用相结合，在适宜施肥总量下，基蘖肥施用比例大的，搁田宜提早（茎蘖苗为预期穗数的 60%～70% 时）；基蘖肥施用比例小的，搁田宜稍迟（茎蘖苗为预期穗数的 80%～90% 时）。

（三）长穗期精确灌溉技术

水稻拔节长穗期（枝梗分化—抽穗）是营养生长和生殖生长两旺的时期，此期碳氮代谢并重，是在形成穗数的基础上决定每穗颖花量的时期，也是结实率和千粒重的奠基期，是一生需肥需水量最大的时期，是植株长穗、长最后 3 片功能叶、根系生长和吸收高峰期，也是群体最大的时期。因此，在搁好田的基础上要促进上层根的发生，增强根系活力以保障养分吸收，增加光合生产量，促进枝梗和颖花的分化和防止分化颖花的退化。

这一阶段应采用浅水层和湿润交替的灌溉方式，即灌水层 2～3cm，待水层自然落干后，不必立即上水，让稻田土壤露出表面田透气，2～3d 后再灌水层 2～3cm，如此周而复始，形成浅水层与湿润交替的灌溉方式，既能使土壤板实不虚浮，又有利于防止倒伏。在剑叶露出以后，是花粉母细胞减数分裂后期，需水需肥量大。此时应建立水层，保持到抽穗前 2～3d，再排水轻搁田，促使破口期再现黄一次，以增加稻体的淀粉积累，促使抽穗整齐并为提高结实率奠定基础。

（四）结实期精确灌溉技术

结实期（抽穗—成熟）的灌溉仍宜浅湿交替的灌溉方式。水稻抽穗期植株茎叶生长结束，主要生理活动是生产、运输和积累光合产物，一般要浅水灌溉，水层的存在除直接满足生理需水外，主要是调节土壤温度，提高空气湿度。水分的亏缺，会削弱光合作用，降低植株内碳水化合物的含量，如果水稻抽穗期遇到高温长期不雨，必然空秕粒多。因此，这一时期千万不可断水。水稻抽穗后20～25d进入黄熟期即开始采用湿润灌溉法，收割前5～7d排水落干，最利于高产。

第四章　超级稻丰产高效精确
栽培主推技术

　　超级稻品种穗大粒多、抗逆性强、产量潜力高，在小面积高产攻关及百亩连片示范方上不断取得并打破水稻高产纪录，涌现了一大批亩产800kg、900kg 甚至 1 000kg 以上的高产实绩。但大面积生产中由于配套技术应用不到位，超级稻的产量潜力得不到充分发挥，单产水平往往徘徊在 550kg 左右。超级稻精确定量栽培技术是以超级稻高产定型群体的各项指标值为目标，按高产群体发展动态的形态生理指标为依据，通过叶龄诊断，对超级稻各器官的生长作定时、定向、定量调控，保证高产群体的最终形成，最大限度发挥超级稻增产潜力，同时提高资源利用效率。作者通过总结分析江苏省水稻高产栽培的实践，并结合大面积生产实际，归纳出超级稻丰产高效精确栽培主推技术四项。

第一节　超级稻机插精确定量栽培技术

　　水稻机插栽培技术是指培育适合机械栽插的水稻壮秧，采用插秧机械，将秧苗按照一定规格要求栽插到大田，并采取相应的肥水运筹等管理措施，实现水稻高产优质高效的一项水稻机械化种植技术。该项技术有助于解决农村劳动力不足，人工栽插劳动强度大、效率低、产量水平不高等矛盾，同时有助于减少直播稻等粗放种植方式应用面积的比例。

一、机插栽培技术的优势

（一）有利于实现水稻高产稳产

插秧机的设计符合水稻高产栽培的要求，插秧机在保证大行的同时，对株距、栽插深度、秧棵大小可以人为的量化调节，实现了定行、定深、定穴和定苗，满足了高产群体栽培中宽行浅栽稀植的要求，提高了栽插质量，并结合"小群体、壮个体、高积累"的高产栽培路线，有利于实现高产稳产。同时，机插稻播种期一般在五月下旬，并有 4~5d 的覆膜时间，这样可以避开麦收期间灰飞虱的大量迁入，因此机插水稻大田前期条纹叶枯病、黑条矮缩病的发生明显减轻，降低了防治压力和成本，有利于增产增效。

（二）节省秧田

由于机插秧采用的是毯状秧苗，其播种密度较高，从而提高了秧田利用率。秧田与大田比例可达 1：（80~100），秧田利用率比常规肥床旱育秧及水育秧提高 5~10 倍，这可大幅度节约耕地。

（三）作业效率高，省工节本增效

一般手扶式插秧机每天栽插面积 15~20 亩，乘座式插秧苗每天栽插面积 40~50 亩，远远高于人工栽插效率，并且机械水田作业稳定性好、易操作，有利于抢季节保进度。

（四）有利于推进水稻商品化育供秧的发展

以插秧机为载体，机手或者机插秧公司、专业合作社通过开展统一品种、统一育秧、统一供秧、统一机插等服务形式，促进了水稻新品种新技术推广，促进了水稻区域化布局，规模化经营和标准化生产。同时也为机手或育秧公司、专业合作社开辟了一条增收渠道。

（五）社会效益显著

以机械插秧代替人工，大大减轻了栽插劳动强度，有利于促进了劳动力转移，提高了人民的生活质量。

二、机插栽培育秧技术

机插栽培育秧是机插秧能否成功、能否高产的关键环节，与传统的常规育秧方式相比，最显著特点就是机插秧播种密度大，秧龄弹性小，标准要求高。

（一）机插壮秧指标

培育壮秧是机插育秧的核心。大量研究表明，机插秧壮秧标准一般包括六方面的形态与生理指标：①叶龄 3～4 叶，秧龄 15～20d；②常规粳稻育秧要求每平方厘米成苗 1.5～3 株，杂交稻成苗 1～1.5 株，苗间均匀整齐；③秧苗根系发达，发根数 12～16 条，单株白根量多；根系盘结牢固，盘根带土厚度 2.0～2.5cm，厚薄一致，提起不散，形如毯状；④苗高 12～18cm，苗基部扁宽，叶片挺立有弹性，叶色翠绿，百株茎叶干重 2g 以上；⑤无病虫草害；⑥秧苗发根力强，栽后活棵快分蘖早。

（二）适宜播量的确定

培育适合的机插标准壮秧，播量是关键。研究和实践表明，播量过低时，尽管秧苗个体指标得到了优化，但秧块上群体指标远不能满足机插要求，同时由于单位面积苗数少，漏插率高，基本苗不足，最终影响产量。播量过高时，苗间通风透光条件差，秧苗细弱，窜高，基部叶片早黄，形成有"高度"而无健壮素质的弱苗。因此，机插秧适宜播量的确定应兼顾提高秧苗素质和降低缺穴率（5% 以下）两方面的要求。

1. 根据单位面积的密度，按千粒重计算播量

机插秧的大田密度，落实在秧爪取秧的面积和苗数上，表现为苗/cm^2。因此用每平方米的谷粒数（粒/m^2）来表示落谷密度，并按千粒重计算播量更为科学。机插秧由于播种密度较大，在计算播量时除考虑千粒重的差异外，还要根据品种的发芽率、成苗率进行校正。成苗率每提高（降低）1%，干种播量即应相应降低（增加）1%。因此，在大田生产中，一定要预先做好种子发芽成苗试验，再确定适宜播量，以确保增育出适合机插的健壮秧苗，为保证机插稻产量打好基础。表 4－1

反映了不同千粒重品种在相同的落谷密度下播量的差异。

表 4 - 1 落谷密度与播量对应关系 (供参考)

落谷密度（粒/m²）	播量（干重）					
	千粒重 25g		千粒重 27.5g		千粒重 30g	
	盘育（g/盘）	双膜（g/m²）	盘育（g/盘）	双膜（g/m²）	盘育（g/盘）	双膜（g/m²）
17 000	67	425	73	467.5	80	510
22 000	86	550	95	605	103	660
27 000	106	675	116	742.5	127	810
32 000	125	800	138	880	151	960
37 000	1 454	925	160	1 017.5	174	1 110

2. 根据具体设计的适当秧龄，使落谷密度能确保秧块及时具备良好的成形度

适合机插的秧块要有一定的成形度，其与品种特性、移栽秧龄和播量密切相关。在品种、秧龄既定的情况下主要受播量影响。根系盘结力大小可反映秧块成形质量的优劣，常规粳稻 3 叶龄秧苗根系盘结力在落谷密度 27 000 粒/m² 以上时形成的秧块较符合高质量机插要求，4 叶龄移栽的秧苗在 22 000 粒/m² 以上的落谷密度下就可以形成适合机插的秧块。

3. 落谷密度的确定要根据机插规格可调组合，利于提高机插质量，确保栽插足够适宜的基本苗数

插秧机秧爪取秧面积有多种组合，如 PFS455 纵向有 8 ~ 17mm 共 10 个挡位，横向有 10.8mm、11.7mm、14.0mm 共 3 个挡位，纵横匹配可有 30 个不同的取秧块面积。秧块面积取值大，可增加每穴苗数，减少缺穴率，但所用苗数（面积）加大，成本增加生产难以接受，同时增大了群体起点也难以取得高产；秧块面积取小，每穴苗数减少，缺穴增加，不利高产形成。一般生产上常用中等取秧块面积即 12 ~ 14mm × 11.7mm（1.404 ~ 1.638cm²）。机插稻高产适宜基本苗 5 万 ~ 8 万/亩，而江苏目前机插稻行距多 30cm，东洋 PF455S 插秧机穴距 11.7cm、13cm、14.6cm 可调（RR6 插秧机穴距 12cm、14cm、16cm），对应的亩

栽插穴数 1.9（1.85）万、1.7（1.59）万和 1.5（1.39）万，即机插高产穴基本苗为 2.63～5.26（2.70～5.76）。由此推算东洋 PF455S 机型若取秧块面积 12mm×11.7mm（1.40cm²），则每平方厘米的成苗数须达到 1.88～4.08，若取秧块增加到 14mm×11.7mm（1.64cm²），则每平方厘米的成苗数须为 1.61～3.21；取秧块设定为 13mm×11.7mm（1.52cm²），则每平方厘米的成苗数介于上述之间，为 1.75～3.65。为满足上述基本苗数和单位面积成苗数的要求，按种子成苗率 80% 计，则每平方米的落谷密度须为 20 000～51 000 粒（表 4－2）。

表 4－2　不同栽插密度和基本苗下相应取秧面积所
要求的成苗数和落谷密度（供参考）

栽插密度（万穴/亩）	基本苗（万/亩）	每穴苗数	抓秧块面积（mm×mm）	成苗数（株/cm²）	落谷密度（粒/m²）	播种量[1]		播种量[2]	
						（g/m²）	（g/盘）	（g/m²）	（g/盘）
1.899（3cm×11cm）	5	2.63	12×11.7	1.88	23 442	586	92	703	110
			14×11.7	1.61	20 093	502	79	603	95
	6	3.18	12×11.7	2.26	28 279	707	111	848	133
			14×11.7	1.94	24 239	606	95	727	114
	7	3.69	12×11.7	2.63	32 818	820	129	985	154
			14×11.7	2.25	28 130	703	110	844	132
	8	4.21	12×11.7	3.00	37 507	938	147	1 125	176
			14×11.7	2.57	32 149	804	126	964	151
1.709（3cm×13cm）	5	2.93	12×11.7	2.08	26 048	651	102	781	123
			14×11.7	1.79	22 327	558	88	670	105
	6	3.51	12×11.7	2.50	31 257	781	123	938	147
			14×11.7	2.14	26 792	670	105	804	126
	7	4.10	12×11.7	2.92	36 467	912	143	1 094	172
			14×11.7	2.50	31 257	781	123	938	147
	8	4.68	12×11.7	3.33	41 676	1 042	163	1 250	196
			14×11.7	2.86	35 723	893	140	1 072	168

（续表）

栽插密度 （万穴/亩）	基本苗 （万/亩）	每穴 苗数	抓秧块面积 （mm× mm）	成苗数 （株/cm²）	落谷密度 （粒/m²）	播种量¹		播种量²	
						（g/m²）	（g/盘）	（g/m²）	（g/盘）
1.522 （3cm× 14cm）	5	3.29	12×11.7	2.34	29 248	731	115	877	138
			14×11.7	2.01	25 070	627	98	752	118
	6	3.94	12×11.7	2.81	35 098	877	138	1 053	165
			14×11.7	2.41	30 084	752	118	903	142
	7	4.60	12×11.7	3.28	40 947	1 024	161	1 228	193
			14×11.7	2.81	35 098	877	138	1 053	165
	8	5.26	12×11.7	4.08	51 051	1 276	200	1 532	240
			14×11.7	3.21	40 112	1 003	157	1 203	189

注：成苗率即每100粒种子成苗数（苗高≥正常苗高一半），此表按种子成苗率80%计算；播种量¹按千粒重2g计算，播种量²按千粒重30g计算

4. 落谷密度的确定要利于降低漏插率（≤5%），提高秧苗分布均匀度

漏插率与秧块质量、成苗数的多寡、插秧机性能、机手操作熟练程度等诸多因素有关，其中，落谷密度是个重要的可控因素。随落谷密度的增加，单位面积成苗数增多，漏插率降低，均匀度提高。在落谷密度相同的情况下，落谷均匀度越高，成苗越均匀、整齐，栽插漏穴率越低，本田秧苗分布均匀度也越高。研究表明，机插小苗要达到5%以下的漏插率，播种密度要达到32 000粒/m²左右。

5. 在满足上述各项指标要求的条件下尽量稀播匀播，扩大单株营养空间，提高秧苗素质和秧龄弹性

秧苗质量随落谷密度增大而变劣，秧龄弹性随落谷密度增大而减小。落谷密度还显著影响着成苗率，成苗率随落谷密度增加而降低，且随落谷密度增大，成苗率下降速率加快。因此，在满足上述各项指标要求的条件下应尽可能稀播匀播，以提高秧苗素质和增加秧龄弹性，提高成苗率，确保大田栽插质量。在落谷密度适宜范围内尽可能取下限值，即3叶龄移栽的育秧落谷密度27 000粒/m²、4叶龄移栽的育秧落谷密度22 000粒/m²。

对于杂交稻能否广泛机插，主要突破口就是能否通过稀播培育壮秧，既使杂交稻大穗优势得到最充分的发挥，同时又降低种子成本。常优1号（种子千粒重 27～28g）不同播量机插试验结果表明，亩实插穴数、基本苗、亩穗数随着播量的增加而增加，缺穴率随播量的增加而减小；产量与每盘播量之间呈二次方程关系，其中，40g/盘的缺穴率达到 25.0%，产量偏低，120g/盘产量也低，以 80g/盘的处理产量最高，为 840.74kg/亩，极显著高于其他处理（表 4-3）。在各千亩连片示范方采用 80g/盘的播量，结果漏插率为 5%～8%，在不进行人工补苗条件下，亩产可以达到 700 多千克。因此，种子千粒重为 27～30g 的杂交稻，每盘播量 80g 左右是适宜的且能获得高产，若种子千粒重为 23～26g，每盘播种量可降为 60～70g。

表 4-3　常优 1 号不同播量育秧机插未补苗的群体产量及构成

处理 （g/盘）	穴数 （万/亩）	缺穴率 （%）	实插穴数 （万/亩）	基本苗 （万/亩）	穗数 （万/亩）	每穗 粒数	结实率 （%）	千粒重 （g）	产量 （kg/亩）
40	1.48	25.0	1.11	2.11	15.82	220.8	80.09	27.5	769.3
60	1.48	15.7	1.25	2.59	15.88	224.1	80.06	27.1	772.0
80	1.48	8.33	1.36	3.51	16.49	230.4	81.05	27.3	840.7
100	1.48	6.67	1.38	3.96	16.53	213.4	81.91	27.5	794.6
120	1.48	4.4	1.41	4.44	17.45	194.6	81.46	27.6	763.4

（三）适宜秧龄的确定

适龄是机插壮秧最为重要的指标。秧龄的长短直接关系到秧苗素质的好差，相当程度上决定着水稻植株个体的发育基础，并最终影响机插稻的产量。一般超过 4 叶，秧龄越大，秧苗素质越差，苗高、黄叶数等重要的秧苗指标性状变差，尤其是成苗率和单位面积上的成苗数大幅度降低。研究表明大穗型杂交粳稻常优 1 号在每盘适宜播量 80g 条件下，秧龄 20d 的成苗率为 84.86%，30d 的为 43.78%，下降了 48.4%；秧龄 20d 的成苗数为 1.46 个/cm²，30d 的为 0.79 个/cm²，下降了 45.9%。

秧苗素质的变差，严重影响机插质量和效果，造成大量的缺穴漏插现象，直接导致群体最终穗数的不足，尤其秧龄超过25d以后，群体单位面积有效穗数显著减少，产量也显著降低。尤其是常规粳稻，通常播种密度较大，这种情况下随着秧龄的延长减产的幅度更大。例如，宁粳1号机插时，在每盘播量80g的情况下，移栽秧龄超过20d后每增加1d，减产为13.6kg/亩；而在每盘播量120g的高密度下，移栽秧龄每增加1d，减产量高达21.3kg/亩。因此，生产实践中，万一因茬口等情况不能如期移栽，应通过剪叶、控制肥水、喷施多效唑等方法抑制秧苗高度，适当延迟栽期。

根据专题试验和江苏大面积高产实践，认为机插适宜秧龄应严格控制为叶龄3~4叶（群体平均叶龄2.5~3.5叶），秧龄15~20d。

（四）适宜播期的确定

适宜的播种期是保证机插水稻生育进程与季节良好同步，在各个关键生长时期达到相应的生长发育指标与最终安全成熟的关键技术之一。适时播种，可以充分利用让茬前的适宜生长季节的温光资源，使秧苗在栽插前即能生出一定数量的叶、根系并按同步规律分化出健壮的根茎叶等器官原基，积累一定的营养物质，为大田快发苗、早分蘖打好基础。

播期首先应与当地种植制度相适应。要根据接茬时间（移栽期）合理确定可安全高产品种的适宜机插秧龄，进而以适栽期与适宜秧龄两因素来确定播期。江苏目前以稻/（大、小）麦、稻/油茬口为主。不同的茬口条件下，适宜播期大致如表4-4所示。

表4-4 江苏不同茬口机插水稻的参考适宜播种期（月/日）

地区	茬口	移栽期（抢早栽）	3叶期移栽	4叶期移栽
苏南	油菜（大麦）	5/25~30	5/10~15	5/5~10
	小麦	6/5~10	5/20~25	5/15~20
苏中	油菜（大麦）	5/25~30	5/10~15	5/5~10
	小麦	6/10~15	5/25~30	5/20~25
苏北	油菜（大麦）	6/1~5	5/15~20	5/10~15
	小麦	6/15~20	5/30~6/5	5/25~30

实际应用时要根据大田让茬时间、大田耕整、大田沉实时间，按照

秧龄 15～20d 推算确定具体播期，做到"宁可田等秧，不可秧等田"。如果面积大的，还要根据插秧机的插秧进度，合理分批播种，确保适龄移栽。

（五）实用育秧方式及技术要点

目前，水稻机插的育秧方式主要有塑盘（软盘或硬盘）育秧和双膜育秧两种。此外，江苏等地还对育秧技术进行了创新，已生产应用的主要有基质育秧和泥浆简易双膜育秧。塑盘育秧就是用专用的育秧秧盘（长×宽×高：58cm×28cm×2.5cm）整齐排放在秧板上，再铺放 2～2.5cm 厚的床土，然后播种、盖土、覆膜保温保湿的育秧方式。双膜育秧是在秧板上平铺有孔地膜代替塑盘，再铺放 2～2.5cm 厚的床土，播种覆土后加盖农膜以保温保湿促齐苗，移栽前用专用切割器将秧苗切割成适合机插的标准秧块的育秧方式。基质育秧主要是以农作物秸秆等农用废弃物为主要原材料，综合应用物理技术、微生物发酵等技术，结合机插秧苗的营养生理特性和壮秧机理，再添加黏结剂、保水剂和缓释肥料人工合成全营养轻型有机基质来代替营养土，除却了制作营养土的烦琐过程，用户只需"播下种、浇上水"即可育出健壮秧苗，更利于实现水稻育秧技术的简化与规范化。泥浆简易育秧指就地取泥（土）育秧，在一定程度上降低了现有育秧床土准备、地膜打孔及秧田水分管理等操作的难度。

1. 软盘育秧技术

① 播前准备。

秧田准备：选择排灌、运秧方便，便于管理与邻近大田的菜地或休闲田作秧田。按照秧田大田比例 1：（80～100）留足秧田。秧田整地采用水做法，即在播前 10d 上水整地，开沟做秧板，秧板宽 130～140cm，沟宽 25cm，深 15cm，四周围沟宽 30cm，深 20cm，秧板做好后排水晾板，使板面沉实。播前 2d 对秧板铲高补低，填平裂缝，并充分拍实，板面要求达到"实、平、光、直"。

床土培肥与营养土准备：选择肥沃的菜园土、耕作熟化的旱田或经秋耕冬翻冻融的冬闲地的表土作床土。荒草地土、当季喷施过除草剂的麦田土，不适宜作床土。床土取好后要成为营养土还必须培肥，床土培肥方法主要有两种：一是采取有机肥和无机肥相结合的培肥方法。这种培肥必须在播前2个月进行，在取土田块上每亩均施人畜粪或腐熟灰杂肥2 000kg（草木灰禁用），以及45%的氮、磷、钾复合肥50kg，施后连续机械耕翻2～3遍，耕深10cm，然后抢晴天取表土后堆制过筛。这种培肥方法必须注意，培肥时间要早，有机肥在播种前2个月上肥结束，复合肥等无机肥也要在播前1个月上肥结束，如上肥过迟，有机肥不能充分腐熟，无机肥不能充分溶解，播种后很容易形成肥害或死苗。二是壮秧营养剂培肥法。在细土过筛后，每100kg细土拌0.5～0.8kg壮秧营养剂（含多种微量元素及活性物质），拌匀即可。壮秧剂的使用，可以起到培肥、调酸、助壮的作用，这种方法简便、经济、安全，是重点推广的培肥方法。每亩大田需备足合格营养细土100kg。

秧盘等材料准备：每亩大田准备规格为58cm×28cm的软盘25～30张。采用机械播种的，每台流水线需备足硬盘用于脱盘周转，具体用量应根据播种时移送秧盘的距离而定。根据秧田面积准备适量的农膜、稻草等辅助材料。

② 种子准备。

品种选择：根据当地温光资源及茬口布局，选择生育期适宜、株型较紧凑、分蘖性较强、茎秆粗壮、根系发达、抗倒性好、穗型大、抗病力强的优质高产超级稻品种。

用种量：每亩大田一般需备足精选种子常规粳稻3～3.5kg，杂交稻1～1.5kg。

种子处理：播前晒种1～2d并精选种子，用浸种灵（或使百克或线菌清）加25%叶枯宁可湿性粉剂400倍液及25%吡虫啉悬浮剂4ml等药剂浸种5kg（分批播种的也要分批浸种）。在日平均温度15～20℃时浸种3～4d，25～30℃时浸种2d。一般采用日浸夜露法，浸种以可见种胚即为吸足水分标准。浸种后采用室内堆垛等催芽方式催芽至露白后播种。手工播种的根芽长度不超过2mm，机械播种的破胸露白即可。

③ 精细播种。软盘育秧按播种方式可分为手工播种和机械播种。

手工播种：铺盘（横排2行，依次平铺，盘间紧密无空隙，盘底紧贴秧板）；装营养土（厚度2～2.5cm，用木尺刮平）；浇足底土水（播前1d灌平板水，在底土充分吸湿后迅速排放；也可在播种前直接用喷壶洒水）；精细播种（按盘称种，分次细播、匀播，一般每盘播发芽率为90%的芽谷常规粳稻130～150g，杂交稻80～100g）；撒盖籽土（播种后用未培肥的过筛细土盖种，厚度0.3～0.5cm，以看不见稻谷为宜，力求均匀一致）。

机械播种：调试播种机；软盘装硬盘（硬盘周转使用）；机械播种（装盘土→洒水→播种→覆土）；播后直接脱盘于秧田。机械播种盘内填装营养土的厚度也要控制在2～2.5cm；并调节喷水量至盘土水分充分饱和，但土表无积水层；播量同手工播种；覆盖素土0.5cm，如有露粒应人工补土覆盖。

④ 封膜盖草。

芽谷播后需经过一定的高温、高湿才能出苗整齐，因此需要封膜盖草，控温保湿促齐苗。在软盘表面平盖农膜（膜下平放小竹竿，以防农膜与床土粘贴在一起）并四周封严实，后再在膜上加盖一层薄稻草，以不见光为宜。封膜盖草后灌一次平沟水，湿润全部秧板后排出，保湿促齐苗。盖膜期间如遇下雨，雨后要及时清除膜上积水，以防止局部"贴膏药"造成闷种烂芽，影响全苗。盖膜齐苗前应开好平水缺，防止下雨天淹没秧板，造成闷种烂芽。

⑤ 苗期管理。

及时揭膜炼苗：一般在秧苗出土2cm左右、第1完全叶抽出时（播后3～5d）揭膜，并灌1次平沟水，面积小的也可用壶喷水，以补充盘内水分不足。揭膜时掌握：晴天傍晚揭，阴天上午揭，小雨天雨前揭，大雨天雨后揭。揭膜后如遇大雨立即上水保苗，雨后立即排水。

科学管水：分水管和旱管两种。水管：揭膜前保持盘面湿润不发白，缺水补水；揭膜至2叶期前建立平沟水；2～3叶期灌跑马水，前水不干后水不进，以利秧苗盘根。切忌长期深水。旱管：揭膜时灌一次水，浸透床土后排干（也可喷洒补水），以后要确保雨天田间无积水，若秧苗中午出现卷叶，可在傍晚或次日清晨喷洒一次水，使土壤湿润即可。坚持不卷叶不补水，以保持旱育优势。不管水管还是旱管，移栽前 3～4d 都要控水炼苗，使盘土含水量适于机插要求。方法是：晴天保持半沟水，阴天排干秧沟水，特别在机插前遇雨，要提前盖膜遮雨，防止床土含水量过高影响起秧和机插。

适时追肥：机插育秧秧田期一般不需追肥，但如果苗床没有培肥或秧苗在 1 叶 1 心期叶色较淡时，每亩秧田可施用尿素 4～5kg，于傍晚待秧苗叶尖吐水时建立薄水层后均匀撒施或对水 500kg 浇施。同时，移栽前 3～4d 看苗施好送嫁肥，每亩秧田尿素用量不要超过 5kg。

做好病虫防治：主要防好灰飞虱、稻蓟马、稻象甲、螟虫等。揭膜后可及时架防虫网以阻止害虫侵入，移栽前 2～3d 揭网炼苗，并使用送嫁药，做到带药下田，一药兼治。不用防虫网的，秧田期及时关注植保信息，根据病虫害发生情况，对症用药防治，减轻大田病虫害发生。特别要加强秧田期稻飞虱的防治。一般每亩用 25% 吡蚜酮 24～30ml，或40% 毒死蜱 100g 对水 40～50kg 喷雾防治。

化控技术：为防止秧苗旺长，增强秧龄弹性以适应机插需要，对 4叶龄栽插的秧苗，于 1 叶 1 心期亩秧田用 15% 多效唑粉剂 75～100g 喷粉，或可湿性多效唑粉剂 50g 对水 2 000 倍喷雾。床土培肥时已用过旱育壮秧剂的忌用。

2. 双膜育秧技术

机插双膜育秧的技术原理与软盘育秧大致相同。其区别仅在于：双膜育秧是在秧田上平铺有孔地膜作垫底层代替软盘，并在起秧前将整块秧板切成适合机插规格的标准秧块。这种有孔底膜与盖膜并用的育秧方法，简称双膜育秧。其特点是投资少，成本低，操作简单，管理方便。

① 播前准备。

双膜准备：一般每亩大田需备足幅宽 1.5m 的地膜 4.2m，幅宽 2.0m 的农膜 4.2m。

地膜打孔：孔距一般 2cm×3cm，孔径为 0.2～0.3cm。

秧田准备、床土培肥与营养土准备：与软盘育秧要求相同。

其他材料：除做好上述工作外，还需准备好切刀、模板木条、稻草等。

② 种子准备。

品种选择、种子处理：与软盘育秧要求相同。

用种量：双膜育秧由于起秧栽插时需切块除边，用种量略高于软盘育秧。每亩大田一般需备足精选种子常规粳稻 3.5～4kg，杂交稻 1.25～1.75kg。

③ 精细播种。

在板面平铺打孔地膜：沿秧板两侧边分别固定厚 2cm、长度 2m 左右的木条或型材（以控制底土厚度）；均匀铺放底土（厚度 1.8～2cm，用木尺刮平）；补足底土水分（播前 1d 灌平板水，在底土充分吸湿后迅速排放；也可在播种前直接用喷壶洒水）；定量播种（按每平方米计算芽谷播种量，分次细播、匀播，每平方米一般播发芽率为 90% 的芽谷常规粳稻 860～940g，杂交稻 500～600g）；匀撒盖种土（播种后用未培肥的过筛细土盖种，厚度 0.3～0.5cm，以看不见稻谷为宜，力求均匀一致）。

双膜育秧的封膜盖草及苗期管理都与软盘育秧要求相同。

3. 硬盘育秧技术

硬盘育秧技术与软盘育秧技术要点基本相同，只是硬盘育秧更适合在播种流水线上完成播种作业，特别是在育秧基质替代营养土和工厂化集中育秧的条件下，硬盘育秧的作业效率和秧苗质量明显提高，但硬盘的价格较高。

另外，硬盘育秧可以通过叠盘暗化，提高出苗的整齐度。叠盘暗化：播种作业全部结束后，立即叠盘于室内暗化出苗，每叠 20～25 盘，顶部放一只有土、无种盘封顶，秧盘的排放务必做到垂直、整齐，盘堆要大小适中。堆毕，顶部和四周用黑色农膜封闭，不可有漏缝和漏洞，做到保温保湿不见光，防止盘间温湿度不一致，影响齐苗。江苏两熟田育秧暗化室一般不必加温。80% 芽苗露出土面 1.0～1.5cm，暗化结束，即摆盘入秧田绿化。摆盘绿化：齐苗后即将秧盘移至秧田，整齐摆放于秧板上，做到左右对直，上下水平。一日中摆盘的时间：晴天，应在上午 9 时之前，下午 3：30 之后，中午前后日光强烈不宜摆盘，以免光害伤苗；阴雨天全天均可摆盘。摆盘后即加盖遮阳网保护芽苗，并上跑马水湿润盘土；无遮阳网可上水护苗，夕阳西下即排水露芽。

三、高质量机插技术

（一）大田耕整

施好基肥。根据土壤地力、茬口等因素，结合旋耕作业施用适量有机肥和速效化学肥料。氮肥量一般掌握在稻田总氮量的20%。在缺磷钾土壤中应适量增施磷钾肥。

精细整地。大田耕翻深度15~20cm，田面平整，全田高低差不超过3cm，整洁无杂草，表土上烂下实。为防止壅泥，水田整平后需沉实，沙质土沉实1d左右，壤土沉实1~2d，黏土沉实2~3d，达到泥浆沉淀、表土软硬适中、作业时不陷机。对秸秆还田且灭茬效果欠佳的田块，要在耙地时结合人工踩埋清理，清除田面残物。

（二）正确起运秧苗

根据不同的育秧方式采取相应起运措施，减少秧块搬动次数，保证秧块尺寸，防止枯萎，做到随起、随运、随插。遇烈日高温，运放过程中要有遮阳设施。

塑盘秧：有条件的可随盘平放运往田头，亦可起盘后小心卷起盘内秧块，叠放于运秧车，2~3层为宜，切勿过多而加大底层压力，避免秧块变形和折断秧苗，运至田头应随即卸下平放，使秧苗自然舒展，利于机插。

双膜秧：在起秧前首先要将整块秧板切成适合机插的规格，宽一般为27.5~28cm，长58cm左右的标准秧块。为确保秧块尺寸，事先应制作切块方格模（框），再用长柄刀进行垂直切割，切块深度以切到底膜为宜。切块后直接将秧块卷起，小心叠放于运秧车。

（三）确定栽插基本苗

根据秧苗素质、品种分蘖特性与成穗特点等因素，按照基本苗公式计算栽插基本苗，确定亩插适宜穴数和穴栽苗数，合理配置行、株距。据研究，生育期长的、早栽的、分蘖力强的大穗型品种（特别是杂交水稻组合），栽插密度以亩栽1.5万~1.7万穴，每穴2苗左右为宜；一般穗数型或穗粒兼顾型品种栽插密度宜为每亩 1.7 万~1.9 万穴，每穴 3 苗左右为宜，早熟品种或分蘖性弱的品种，每穴 4 苗为宜。

（四）机插作业

插秧机调试。插秧前对插秧机作一次全面检查调试，确保插秧机能够正常工作。特别是要根据栽插基本苗，调节确定适宜的行株距与取秧量。

调节栽插深度。栽插深度直接影响着机插稻活棵与分蘖。栽插过深，活棵慢，分蘖发生推迟，分蘖节位升高，地下节间伸长，群体穗数严重不足；栽插过浅，容易造成漂秧。栽插深度控制在 1.5cm 左右，有利于高产。

薄水机插。水层太深，易漂秧、倒秧，水层太浅易导致伤秧、空插。一般水层深度保持 1~3cm，利于清洗秧爪，又不漂不倒不空插，可降低漏穴率，保证足够苗数。行走规范，接行准确，减少漏插，提高均匀度。

（五）及时补栽漏插

机插水稻由于受育秧质量、插秧机械和整田质量等因素的影响，会存在一定空穴。因此，要留有部分秧苗，机插后及时查看是否有漏穴、缺苗，当缺株率超过 5% 时要及时进行人工补缺，以减少空穴率和提高均匀度，确保基本苗数。

四、大田管理技术

大田管理要根据机插水稻的生长发育规律，采取相应的肥水管理技术措施，促进秧苗早发稳长，发挥机插优势，稳定低节位分蘖，促进群体协调生长，提高分蘖成穗率，争取足穗、大穗，实现机插水稻的高产高效。

（一）水浆管理

1. 返青活棵期

栽后及时灌水护苗活棵，水层深度 3~4cm。栽后 2~7d 间歇灌溉，适当晾田 1~2 次，促进扎根立苗，特别是前茬秸秆全量还田情况下，更需要露田增氧，以减轻秸秆腐烂过程中形成的毒害。切忌长时间深水，造成根系、秧心缺氧，形成水僵苗甚至烂秧。

2. 分蘖期

分蘖期，即从活棵后到分蘖高峰前后的这段时间，此期的秧苗主要是长根、长叶和分蘖。

活棵后浅水勤灌，灌水深度以3cm为宜，待其自然落干，再灌新水，如此反复，达到以水调肥、以气促根、水气协调的目的，促分蘖早生快发，植株健壮，根系发达。

在总茎蘖数达到预计穗数的80%左右时开始断水搁田，反复多次轻搁，切忌一次重搁，造成有效分蘖死亡。搁田搁至田中土壤沉实不陷脚、田边有裂缝，叶色落黄褪淡即可，既抑制了无效分蘖的大量发生，使高峰苗数控制在适宜穗数值的1.4~1.5倍，又控制了基部节间的伸长，提高了群体质量，增强了群体抗倒伏力。断水的次数，因品种而定，变动3~4次，一直要延续到倒3叶前后。

3. 拔节长穗期

拔节长穗期，即从分蘖高峰前后，开始拔节至抽穗扬花这段时间，此期是壮秆大穗的关键时期。应采用浅水层和湿润交替的灌溉方式，即灌水层2~3cm，待水层自然落干后，不立即再上水，让稻田土壤露出表面田透气，2~3d后再灌水层2~3cm，如此周而复始，形成浅水层与湿润交替的灌溉方式，既能使土壤板实不虚浮，又有利于防止倒伏。在剑叶露出以后，是花粉母细胞减数分裂后期，需水需肥量大。此时应建立3~4cm的浅水层，一直保持到抽穗扬花期，再排水轻搁田，促使抽穗整齐并为提高结实率奠定基础。

4. 灌浆结实期

既要保证水分供应，又不能长期淹水。长期淹水，根系活力差，叶片早衰，秕粒增加；若土壤缺水遇旱，影响籽粒灌浆充实和米质。此期应采用间歇灌溉，干干湿湿，保持土壤湿润为主，既可满足生理需水，又维持土壤沉实不回软，促进土壤根部通气，维护根系健康，延缓活力下降，防止青枯早衰，达到以水调气、养根保叶、干湿壮籽的目的。直到收割前7d才可断水干田，生产上一定要防止断水过早，未成熟即提早割青。

（二）精确施肥

1. 确定肥料用量

坚持有机肥与无机肥搭配，实行测土配方施肥。在机插稻高产栽培中，主要是大量元素氮、磷、钾肥的合理施用，其中，最重要是氮肥的精确施用。至于磷、钾肥的合理施用，方法是在总施氮量确定后，应用测土配方施肥试验所提供的氮、磷、钾配比，来具体确定磷、钾肥用量。总施氮量可以根据水稻目标产量需氮量、土壤供氮量、所施肥料氮当季利用率，按斯坦福（Stanford）方程来计算确定。根据江苏多年多地试验结果，一般在中等或中等偏上地力上，亩产 700kg 粳稻总施氮量 18～20kg，籼稻 15～17kg。

2. 确定肥料施用比例

氮肥基蘖肥与穗肥的比例在无秸秆还田条件下为 5.5：4.5 或 6：4，秸秆全量还田的为 7：3。氮素基蘖肥中基肥一般占 20%～30%，分蘖肥占 70%～80%。磷肥一般全部基施，钾肥分基肥与促花肥两次施用，各占 50%。

3. 精确施好分蘖肥

分蘖肥在移栽后出生第 2、第 3 新叶时施用效果较好，群体产量最高，主要原因是在栽后根系生长良好的基础上，于栽后长第 2 心叶时，开始施用分蘖肥，并采取分次施用的方法，使肥效与最适分蘖发生期同步，促进有效分蘖，可确保形成适宜穗数，同时又能在够苗时肥效明显减退，控制无效分蘖，提高肥料利用效率。施肥过早，即栽后就施分蘖肥，此时机插稻处于栽后分蘖停滞期，根系弱，施肥后不能发挥肥效，而且栽后即施肥反而抑制根系的发育，使分蘖发生期推迟，引起穗数不足。相反，若分蘖肥施用过迟，肥效发挥正值高位分蘖盛发期，易导致群体大，成穗率低，尽管穗数稍多，但每穗粒数少，也不易高产。同时注意捉黄塘，促平衡。

4. 灵活施用穗肥

穗肥一般分促花肥和保花肥两次施用。具体施用时要根据 $N-n$ 叶龄期群体茎蘖数和顶 4 顶 3 叶的叶色差等苗情，对施用时间和数量做进一步合理的调整。对叶色正常褪淡、生长量适中的达标群体，穗肥于倒 4 叶和倒 3 叶期，分 2 次施用最佳，每次用量为设计穗肥总量的 50%；对叶色浅、落黄偏重、生长量小的不足群体，穗肥于倒 5 叶和倒 3 叶施用，且要增加用量 10%～20%；对叶色深不褪淡、生长量过大的旺长群体，穗肥于倒 3 叶期叶色褪淡后一次施用，且用量要适当减少。

五、病虫草害防治

（一）病虫害防治

机插水稻与常规水稻病虫害防治的要求基本类同。病害以防治病毒病害（水稻条纹叶枯病、水稻黑条矮缩病）和真菌病害（纹枯病、稻瘟病、稻曲病等）为主，兼顾其他病虫害的防治；虫害以防治水稻两迁害虫（稻飞虱、稻纵卷叶螟）为主。防治的具体办法可根据当地植保部门的预测预报和防治意见，选择抗病品种，切断毒源，避开危害，调整播期，结合化学药剂进行防治，采用一药兼治，多药混用，药肥混喷的方法，切实提高防治效果。在穗期病虫害防治时间上应根据机插水稻的生育过程作适当调整。

（二）杂草防除

机插水稻因为行距大，草害特别严重，一般应进行 2 次化除。第一次在平整田后 3～5d，对千金子危害少，以其他禾阔类杂草为主的田块，结合泥浆沉淀，亩用 53% 双超苯噻苄可湿性粉 60～80g 拌基肥或湿润细土 30～50kg 均匀撒施，保持寸水 5～7d；对千金子基数大的田块，亩选用快达 35% 苄嘧·丙草胺 100～120g 拌基肥或湿润细土 30～50kg 均匀撒施，保持寸水层 3～4d。第二次在秧苗移栽后 10～15d，结合施用第二次分蘖肥，亩用 53% 双超苯噻苄 60～80g 或邦农乐 69% 苯噻苄 50～60g 拌肥或湿润细土 30～50kg 均匀撒施，保持寸水层 3～4d。

第二节　超级稻抛秧精确定量栽培技术

水稻抛秧栽培技术是采用钵体育苗盘或纸筒育出根部带有营养土块的、相互易于分散的水稻秧苗，或采用常规育秧方法育出秧苗后手工掰块分秧，然后将秧苗连同营养土一起均匀撒抛在空中，使其根部随重力落入田间定植的一种栽培法。该项技术是一项集省力、省工、高产、高效、操作简便，可操作性强，深受广大稻农欢迎的水稻轻型栽培新技术。尤其是在江苏淮北、沿淮水稻主产区，既能有效解决直播稻、晚播机插秧因播种育秧迟、缩短生育期、栽插季节紧张等方面存在的限制因素，又能减轻劳动强度，提高水稻产量和效益。

一、抛秧栽培技术的优越性

（一）省工、省力、提高工效

水稻抛秧一般每个劳动力 1d 可抛栽 6 ~ 8 亩大田，与常规人工栽插方式相比，每亩可省工 1.5 ~ 2.5 个，工效提高 5 ~ 8 倍，缩短了栽秧时间，提早插秧季节，而且抛秧可以减轻劳动强度，免除了拔秧、插秧两弯腰之辛苦。

（二）有利于稳产、高产

由于抛秧具有带土、带肥、浅植、无植伤，本田前期早生快发，低位分蘖多，够苗早，分蘖苗有较长时间长粗；中期散生，通风透光好；后期青枝蜡秆，有效穗数多，有利于高产、稳产。一般比插秧每亩可增产稻谷 30 ~ 50kg。

（三）节省成本，提高经济效益

抛秧栽培的秧田与本田比一般可达 1：（30 ~ 50），且秧苗成秧率高，一般可节约 50% 种子、节约 80% 秧地，还可节约肥、水和薄膜等。

（四）有利于连片集中育秧

实行"五统一"，一般每亩秧地可解决 70 ~ 80 亩大田，有利于推行商品化和专业化育秧，促进规模经营和社会化服务的发展。

二、抛秧育秧技术

水稻抛秧栽培育秧方式有塑盘旱育秧、塑盘湿润育秧、无盘旱育直抛等多种方式。其中，大面积生产上，以塑盘旱育抛秧应用最为广泛。因为，塑盘旱育抛秧秧龄弹性大，秧苗素质好，成苗率高，串根少，抛后发根早活棵快，基本无缓苗期，分蘖暴发力强，群体质量高，是保证抛秧水稻稳产高产的一项重要技术措施。下文重点介绍塑盘旱育秧抛秧技术。

（一）塑盘旱育壮秧标准

塑盘旱育抛秧壮秧标准：秧苗整齐均匀，秧龄30d（25～35d）左右，叶龄5.5叶（4.5～6.5叶）左右，苗高13～18cm，基茎粗0.35～0.45cm，单株绿叶数4.5～6叶，单株白根数12～18条，单株发根力5～10条，单株带蘖数0.5～1个，每穴成苗数常规稻3～4苗、杂交稻1～2苗的占85%以上，空穴率5%以下，穴与穴之间无串根连结，百株干重7.5g左右，叶色4.0～5.0级，无病虫草害。

（二）塑盘旱育秧技术流程

1. 播前准备

（1）品种选用。根据不同茬口、品种特性及安全齐穗期，选用适合当地种植的优质、高产、稳产、分蘖力中等或较强、抗逆性好的穗粒并重型或大穗型超级稻品种。江苏沿江及苏南地区以早熟晚粳稻品种为主，搭配迟熟中粳稻品种。早熟晚粳稻重点选用南粳44、宁粳3号、扬粳4038、镇稻11号、扬粳4227等品种；迟熟中粳稻重点选用武运粳24号、淮稻9号、南粳45等品种。苏中及里下河地区以迟熟中粳稻品种为主，搭配中熟中粳稻与早熟晚粳稻品种。中熟中粳稻重点选用连粳7号、宁粳4号等品种。沿淮及淮北地区以中熟中粳稻品种为主，搭配迟熟中粳稻品种。

（2）塑盘准备。目前，市场上塑盘的面积基本一致，都为长60cm、宽33cm、秧盘面积0.198cm²，但其育秧孔数有不同规格，常见的有 434 孔和 561 孔两种。两种规格塑盘秧孔孔面直径都为 18～19mm，孔底直径 10～11mm，孔深 17mm。561 孔塑盘适宜于短秧龄育秧（秧龄 25d 左右）。江苏稻麦两熟制条件下应选用 434 孔的塑盘，每亩大田常规稻按 55～60 张秧盘准备，杂交稻减半。

（3）薄膜及遮阳材料。用于播种后地面覆盖。一般常规稻育秧每亩大田需 1.5m 宽的薄膜 10m 长，或 1.6m 宽的无纺布 10m。同时要准备适量稻麦草用于播种覆膜后遮阳。

（4）苗床选择与培肥。苗床选择地势平坦，土壤肥沃，集中连片的田块，形成相对固定的苗床基地。苗床茬口以旱化、培肥为目的，优化茬口布局，采取育秧——蔬菜/玉米、大豆等——蔬菜/冬翻冻土——春翻培肥——育秧。根据大田面积按 1：（35～40）备足苗床面积。

加强苗床培肥，一般于 2 月下旬至 3 月上旬结合耕翻晒垡，每亩秧床施腐熟的人畜粪 3 000kg；播种前 20d，每亩秧田施尿素、45% BB 肥各 30kg（若 2 月下旬至 3 月上旬未进行有机肥培肥的，加施腐熟人畜粪 2 000kg），施后及时耕翻，达到全层均匀施肥。土壤有机质含量 > 2%，水、肥、气、热协调，达到"疏松、深厚、肥沃"的海绵土要求。

（5）营养土准备。营养土一般取充分冻、晒、无杂草种子的旱地或菜园地土壤，以壤土、黏土为好，与充分腐熟的酸性土杂肥各半，并按每千克土加入硫酸铵 2.5g、过磷酸钙 3.0g、硫酸钾 1.0g，经破碎、拌匀、过筛后备用。每张秧盘备足 1.5～2kg。为防立枯病造成死苗，营养土还必须经消毒处理。营养土的配制应视天气状况，趁晴天在播前 20d 左右配好备用。使用育秧基质，或用壮秧剂配制营养土，则不需另加化肥和消毒剂，只需按产品说明要求进行使用。

（6）种子准备及处理。常规粳稻按每亩大田用种 2.5～3.0kg，杂交稻 1～1.5kg 备足种子。种子经日晒、筛选后，必须进行消毒，每 5kg 稻种用 25% 咪鲜胺乳油 2ml + 4.2% 二硫氰基甲烷乳油 2ml 或 16% 咪鲜·杀螟丹可湿性粉剂 15g，加清水 9～10kg，浸泡 60～72h，不经催芽直接播种。或直接用"旱育保姆"拌种包衣，每千克"旱育保姆"拌 3kg 种子，在种子浸泡 48h 后捞出爽干后均匀拌种包衣，随拌随用。

2. 精细播种

（1）适期播种。根据茬口、生态条件，按 30d 左右适抛秧龄确定适宜播期。江苏淮北地区一般在 5 月 15～25 日，苏中地区一般在 5 月 10～20 日，苏南地区一般在 5 月 5～15 日。

（2）苗床制作。干整做板，先进行耕翻，深度 10cm 左右，后开沟做板，板面宽 150cm，以竖放 2 盘或横放 4 盘为宜，沟宽 25cm，沟深 15～20cm，再加工整理，达到平、光、直，上虚下实。内外沟系配套，灌排分开，既能灌又能排还要能降。灌跑马水（速灌速排）洇足底墒，随即用木板塌平秧板，然后铺放秧盘。

（3）铺盘装土。将两张秧盘横向排列在秧板上，以此连片紧密排放，并用木板轻压盘面，使秧盘底孔陷入秧板，一定要保证秧盘与板面密接，不能悬空。每 50 张秧盘用壮秧剂 750g（每张秧盘 15g），与 7.5～12.5kg 细土均匀拌和、均匀撒入秧盘底部，再撒未拌壮秧剂的细土至秧盘孔的 1/2～2/3。

（4）定量匀播。撒土后，即可将经过药剂处理的种子分次定量均匀撒播于秧盘穴孔内。一般常规粳稻每盘播干稻种 50g，每穴 3～4 粒，杂交稻 25～30g，每穴 1～2 粒，浸过种的种子重量增加 30%。播种时用蚕扁、木板等挡在秧盘边上，先播 2/3 种子，再将 1/3 种子来回补缺（尽量不要漏播）。在用种量比较少的情况下，也可在装好底土后，将种子与营养土充分拌和（每张秧盘约 0.5kg 细土），直接撒到秧盘里。

（5）盖种淹水。播种后用未拌壮秧剂的营养土盖种，盖后用小扫帚轻扫盘面，使穴内土面略低于盘面，孔穴之间不能有土，以防串根，影响抛栽质量。盖种后，洇齐苗水，有条件的可采用水壶淋浇，浇透、浇足，如果采取灌水须速灌速排。

（6）覆膜（无纺布）盖草。齐苗水落干后，用泥将秧盘四周围起来（防止跑墒，以减少补水次数），然后平盖地膜（无纺布），再加盖稻麦草等遮阳（无纺布覆盖的不需盖草），防止高温烧种烧苗。每 50 张秧盘盖草 6.5～7.5kg（草尖对草尖，根子朝墒沟），保持 10%～15% 的透光率。覆膜（无纺布）盖草期间不需灌水，下雨天要即时排除秧田积水。

（三）秧苗管理

1. 及时揭膜浇透水

基本齐苗时（第1叶展开前后）要及时揭膜，揭膜时间选择晴天傍晚或阴天上午，但不能在大雨前揭膜。揭膜后浇透水。可沟灌淹水到床面，但淹水后要及时排干沟内积水。小面积育秧用喷壶浇水效果更好。

2. 水浆管理

主要根据叶片吐水情况或卷叶情况（而不是根据盘土发白情况）来确定是否需要补水。一般情况下，秧苗不发生卷叶就不需要补水，1～3叶期晴天早晨叶尖露水少要即时补水，或晴天一旦发生卷叶随即补水，3叶期后秧苗发生卷叶到第二天早晨尚未完全展开再补水（3叶期后一般较少补水）。在补水方法上，采取灌跑马水或浇水。秧田后期如遇连续阴雨，须及时排水降渍，防止肥水碰头秧苗窜高；如遇连续干旱，须在抛栽前1d补浇送嫁水（不宜灌水，否则起盘困难，易损坏秧盘），以免根球松散影响抛栽。

3. 化控与追肥

2叶1心期，需喷多效唑控制秧苗高度，促使秧苗矮壮，以便于抛秧，同时促进秧苗分蘖。多效唑使用方法：用15%多效唑1.5g/10m²，对水750～1 000ml喷雾。秧田肥力不高或秧龄较长而出现脱肥的，要及时追肥，可结合浇水每10m²苗床追施尿素50g。

4. 防治病虫

秧田期主要防好灰飞虱、稻蓟马、稻象甲、螟虫等病虫害。揭膜后可及时覆盖20目防虫网或15～20g/m²无纺布，阻止灰飞虱等害虫迁入，秧苗期全程覆盖，抛栽前2d左右揭开防虫网（无纺布）炼苗，并施用送嫁药；对不覆盖防虫网或无纺布的秧池，揭膜（布）后每隔3d左右，用药防治灰飞虱一次，可亩用25%吡蚜酮20ml或20%异丙威200ml或50%稻丰散乳油100ml或40%毒死蜱100ml等交替使用，以上药剂对水40～50kg，于傍晚前对准秧苗均匀喷雾，以减轻灰飞虱传播的条纹叶枯病、黑条矮缩病为害。抛栽前还需带药下田。

三、高质量精确抛栽技术

（一）精细整田

抛秧对大田整作质量要求较高，最理想的为干耕干施肥，精耕细耙，灌浅水和田。整田质量达到"浅、平、糊、净"的标准。"浅"指抛秧时内水要浅，水浅利于整平，同时可以防止肥水流失，以现泥水为宜；"平"指田面平整，田块高低差要小，一般小于3cm；"糊"指土壤糊烂有浮泥，以增加抛秧苗的扎根深度，提高根土弥合力；"净"指田面无残茬、杂草等杂物外露。大田内残茬、秸秆、杂草过多，在土表会影响抛下的秧苗根系与田间土壤的结合。在水少的情况下，通过耙田，使土把秸秆盖住，土面看不到秸秆，不然秧苗落到秸秆上就不能扎根，在耙田前首先要将多余水排掉，防止肥水流失和水分过多造成漂秧，沙土田要随耙随抛，浑水抛秧，以利扎根立苗；黏土地上午整地耙平，让黏土悬浮液沉实几个小时，下午再抛。

（二）适期起秧抛栽

秧龄一般掌握在30d左右，叶龄5.0叶左右。起秧时掌握秧盘内土团水分，一般要求抛栽前1d将秧盘浇湿，使秧盘孔内土干湿相宜，抛前秧盘卷起装筐运到田头，这样抛秧时秧苗根部可带泥，有利于根部落地，利于扎根立苗，直立苗、斜立苗增加。同时尽可能选择阴天抛栽，随起随抛。在大雨或风力4级以上天气时不宜抛秧。

（三）精确抛栽

抛栽时保持田间基本无水层，注意迎风高抛、匀抛，先远后近。抛高2.5~3m为宜，以加大植秧深度。抛秧时先用总盘数的70%抛整个大田（撒抛），然后每隔3m拾一条走道，再沿走道将剩余的30%来回补稀补缺（点抛），尽量减少空穴率。常规粳稻一般每亩大田抛成穴率95%左右的秧苗55盘左右，抛足2万穴，基本苗6万~8万；杂交稻亩抛25盘左右，抛足1.5万穴，基本苗3万~5万。有条件的地方，要进行精确点抛。

（四）抛后管理

抛后当天及时做好匀密补稀，确保穴距不大于 30cm，以提高抛栽均匀度，也不需进行人工扶苗。抛后做好平水缺，防止大雨冲刷引起漂秧。

四、精确定量施肥技术

（一）高产水稻施肥原则

控制施肥总量，做到有机肥、无机肥相结合，节氮增磷钾添微肥。要根据不同肥力的地块确定不同施肥量，做到配方施肥。高产栽培中，主要是氮、磷、钾肥的合理施用，其中，最重要的是氮肥的精确施用。至于磷、钾的合理施用，方法是在总氮量确定后，应用测土配方施肥试验所提供的氮、磷、钾配比，再来具体确定磷、钾肥用量。一般磷肥全部基施，钾肥分基肥与促花肥两次施用，各占 50%。

（二）总施氮量

应用 Stanford 公式（氮素施用量（kg/亩）=（目标产量需氮量－土壤供氮量）/肥料氮当季利用率）求取合理的施氮总量，方程的 3 个参数与手栽稻相近。江苏高产田块亩产 650kg 以上，一般每亩需要施用纯氮量 20~22kg。

（三）基肥、分蘖肥、穗肥比例

基、蘖肥占总施氮量的 55%~60%，穗肥占总施氮量的 40%~45%；基、蘖肥中基肥占 60%，分蘖肥占 40%，分蘖肥于抛后 5~7d 施用；穗肥中促花肥占 2/3 左右，保花肥占 1/3 左右。

（四）穗肥的施用

抛秧稻在无效分蘖期群体叶色落黄的基础上，及早地施好穗肥，对稳苗攻大穗尤其重要。穗肥施用的具体时间和用量要因苗情而定：对叶色正常褪淡、生长量适中的群体，以倒 3 叶和倒 2 叶期，分 2 次施用最佳；对叶色浅、生长量小的群体，可提早到倒 3 叶初施，并适当增加用量；对叶色较深不褪淡、生长量大的群体，可采用在倒 2 叶期一次施肥，且穗肥量要适当减少。

五、水分精确调控技术

（一）抛栽阶段

浅水耕耢，基本无水抛栽。

（二）立苗阶段

湿润立苗，如遇大风大雨做好平水缺，如遇晴好天气灌浅水护苗。

（三）有效分蘖期

浅水与湿润交替，适当露田。

（四）够苗搁田期

田间茎蘖数达预期成穗数的80%左右即排水搁田，第1次搁至田面撑得住脚，田边裂"芝麻缝"，复水之后再搁，一直延续到倒3叶前后。经多次搁田，控制高次、高位分蘖发生，提高成穗率与均衡性（穗层整齐度），同时为适时施用穗肥创造必要条件。

（五）拔节长穗期

浅湿交替，保持田面不回软。

（六）减数分裂与抽穗扬花期

适当建立水层。

（七）灌浆结实期

采取干湿交替灌溉方式，以水调肥，以气养根，以根保叶，正常情况下每隔5~7d灌一次水（田面有水2~3d，田间丰产沟中有水2~3d，沟中无水1~2d），每次灌2~3cm水层，直到收获前1个星期左右断水，确保秆青籽黄、活熟到老。

六、病虫草害综合防治技术

（一）病虫害防治

抛秧田由于茎基数增多，群体大，易出现病虫为害。抛秧田发生的病虫害主要有稻飞虱（灰飞虱、褐飞虱、白背飞虱）、稻纵卷叶螟、螟虫、条纹叶枯病与黑条矮缩病、纹枯病、稻瘟病、稻曲病等。要坚持"预防为主、综合防治"的植保方针，按照"综合分析、统筹兼顾、突出重点、分类指导"的原则，在明确主治对象、兼治对象的基础上，掌握适期，选准药种，采用正确的施药方法，科学打好病虫防治总体战。抛栽返青期要打好以灰飞虱、螟虫为主的水稻病虫防治总体战；水稻中后期要切实打好以"两迁"害虫、纹枯病、稻瘟病、稻曲病等为主的病虫防治总体战，切实控制危害。

（二）杂草防除

抛秧田秧苗分布不规则，难于中耕除草，必须化学除草。抛栽后5~7d，结合施用分蘖肥，选用安全、高效的除草剂，拌化肥或细土后均匀撒施，施后保浅水层5~7d。根据田间出草情况，可再用相应药剂进行二次化除或人工拔除。

第三节　超级稻秸秆全量还田轻简稻作技术

超级稻秸秆全量还田轻简稻作技术，是在机械收获小麦时，将秸秆全量机械切碎分散于田面，通过机械旋耕与泥土混合还田后，实施水稻机插、抛秧、机直播等栽培，实现麦秸秆全量还田与水稻种植轻型化相结合的稻作技术体系。该技术具有资源再利用、培肥农田、节省劳力、保护环境等多方面的作用，是发展生态农业、促进农业可持续发展的重要途径之一，能够达到水稻高产、优质、高效、生态、安全的综合目标，具有显著的经济、生态、社会效益。

一、麦草全量还田耕整地技术

（一）切碎分散麦草

麦收时，用久保田类联合收割机距离田面10~15cm收割麦子，同时开动切碎机械，切断麦草并均匀分散于田面。或用桂林类联合收割机滚动式扎碎麦草，人工分散于田面。以切草长度5～10cm埋草效果好。据观察结果：草长5cm、15cm、30cm，一次性耕整埋草率分别为90%、87%和63%。

（二） 上水泡田

目的是泡松土壤，软化秸秆，提高机械旋耕埋草作业的效率。据试验观察结果，泡田3d用手扶拖拉机配套"扦压轮"，每台每天作业30亩左右，一次性耕整埋草率达85%以上；而泡田1～2d，由于土硬板结，每台每天作业仅8～10亩，一次性耕整埋草率60%左右。因此，提前灌水泡软土层，并以泡田3～4d为宜，是提高耕整效率的关键。

（三） 埋草时灌好薄水层

埋草时灌好薄水层，水层以田面高处见墩、低处有水为准，保证泥草充分混合，提高田面平整度。水层过深，表层泥土不易起浆，影响泥草均匀混合；水层过浅，加大机械作业负荷，且不利于田面平整。均匀撒施基肥后实施麦草带水浅旋耕还田。

（四） 旋耕埋草

使用中型拖拉机配套埋茬耕整机旋耕埋草，旋耕深度15cm左右。据观察：随着旋耕深度的增加，泥土和麦草的混合效果提高，旋耕深度由10cm增加到15cm，埋草率由68%提高到88%。手扶拖拉机旋耕埋草需将水田行走"防滑轮"改装为45cm宽的"压草轮"旋耕2遍，以提高埋草耕整平整度。旋耕埋草后田面露草量以每平方尺竖立的碎草在10根之内为宜。

二、麦草全量还田对水稻生长的影响

（一） 麦草还田对水稻生长的作用表现为前抑后促

分蘖前期由于麦草经水泡发酵，分解产生一些有害物质，以及生物夺氮对水稻生长不利。分蘖中后期麦草腐烂为水稻生长提供了可直接吸收的有机质，开始对水稻生长有促进作用。一般在水稻移栽后10d左右出现生长抑制现象，之后则表现为促进作用。

（二）麦草还田能提高水稻产量

麦草还田一般可增加水稻产量5%左右。增产原因是麦草中含有大量的氮、磷、钾、硅及丰富的有机质，不仅能改善土壤结构、培肥地力，还能节省农业生产成本。特别是在肥力较低的土壤上增产效果更显著。

（三）麦草还田改变了稻田肥水运筹模式

麦草还田后表土层麦草量增加，土体疏松度增加，土壤孔隙度和持水量提高，沉实度降低，易导致根部倒伏，且麦草前期腐烂过程中会向土壤排放有机酸和有害物质。水分管理上，前期要及时露田增氧以排除毒害，中期要及早分次搁田使土壤沉实，防止因土壤不实造成根倒，后期要间隙灌溉保水透气。肥料运筹上，针对麦草还田前期耗氮、后期释氮的特点，粳稻施肥要重两头控中间，籼稻要全程平衡施肥。

（四）麦草还田能改善稻米品质

随着麦草还田数量的增加，可显著提高稻米的整精米率，降低垩白粒率和直链淀粉含量，增大胶稠度。

三、麦草全量还田与不同轻型种植方式的优化配套

大面积试验示范表明，麦草旋耕还田可以和各种稻作方式优化配套，其中，与机插秧、抛秧、水直播等配套农艺日臻成熟与完善。鉴于麦草还田土壤环境的变化及"前期生长缓慢，中期生长加快，后期生长活力增强"的特点，促进水稻前期早发是麦草还田关键所在。化解这一难题须掌握好6个技术环节。

（一）提早上水泡田

麦草还田的田块，要提早上水泡田，以加速麦草叶片（鞘）腐烂速度，减轻埋草后腐烂释放毒素压力。泡田时间以3~4d为宜。

（二）人工平整田面，沉实土壤

麦草旋耕还田机插秧、水直播田块，需辅助人工平整，田面高低差

不过寸。旋耕平整后落干沉实 1～2d 后播种或机插，水直播田块需在泥面硬度达到芽谷落下能见到泥面上有明显的凹陷种迹但又不见种身时播种。人工水直播在播前开沟做板，畦宽 4m；机插秧、机械直播的在插秧或播后隔 4～5m 开一条竖沟，并做到沟渠相通，确保灌排畅通。

（三）插足基本苗

机插秧株行距 30cm×13cm，亩基本苗 7 万～8 万苗；塑盘抛秧每亩 2 万穴，亩基本苗 7 万～8 万苗；直播稻每亩播量 4～5kg，亩基本苗 6 万～8 万。

（四）氮肥前移

根据不同种植方式的特点，实施与之相应的水肥管理措施，促进群体早发、壮蘖，提高群体成穗率，促进大穗、多粒，提高产量。

针对还草田块前期耗氮、后期释氮的特点，要适当增加前期基蘖肥用量及施用比例，缓解前期麦草腐烂耗氮矛盾，后期随着麦草分解速度的减弱，被固定的氮素会慢慢释放出来，在水稻生长后期应减少氮肥用量。根据还草量科学调节碳氮比，一般为（20～25）∶1。氮肥前移是以精确定量施肥为前提，对于常规的基、蘖肥比例偏高的施肥方式，则不需要继续增加前期氮肥用量。

（五）科学水浆管理

机插或抛栽水稻活棵后，要及早排水露田，通气增氧，排除毒素，促根促蘖；直播水稻播后芽前不灌水，3 叶期以前仅在田面过干时灌跑马水。有效分蘖期坚持浅水勤灌，在板面开始出现青苔或田间脚踏处大量气泡产生时要立即排水露田 1～2d。够苗后适时搁田，并分次搁实，以后实施硬板灌溉，防止倒伏发生。

（六）病虫草害防治

参照当地植保部门预测预报，及时防治病虫害。对杂草防除，直播稻要做到"一封、二杀、三挑"；机插秧、抛秧移植后 3～5d 及时撒施除草剂，保持水层 5～7d。

第四节　超级稻肥床旱育壮秧高产栽培技术

以超级稻品种为基础，在肥沃苗床上，通过旱育旱管，培育苗体健壮、发根力和抗逆性强的标准化壮秧，配套大田合理株行距、肥水调控等措施，构建高产优质群体，实现超级稻高产优质的一项稻作技术。该技术培育的秧苗矮壮，根系活力强，栽后发棵快，群体成穗率高，穗大粒多，结实好，产量高。

一、肥床旱育壮秧技术要点

（一）苗床选择

选择土壤肥沃、地势较高、排灌方便、爽水透气的菜园地或旱田作苗床，尽量集中连片。根据苗龄大小确定秧大田比例，备足苗床面积。一般中苗移栽的秧大田比例为 1∶15。

（二）苗床培肥

提倡应用壮秧营养剂等专用肥料培肥苗床，这类壮秧营养剂撒后就可播种，不烧苗，可以简化苗床培肥程序，提高苗床培肥效果。如施用有机肥，宜提早到早春进行，并应用腐熟有机肥，坚持薄片翻耖入土和与床土拌和均匀。在翻耖床土时，发现大团未腐熟的有机物时，要随即清除掉。苗床土壤培肥要达到肥、松、细、软、厚等要求。

播前如施用其他化学肥料，施用时必须注意 3 点：

① 培肥时间上一定要掌握在播种前 15d 以上，这是因为秧苗根系不能同化氨态氮，当根系吸收过多的氨态氮并在根系中积累之后，很容易形成氨中毒，导致肥害烧根死苗。因此，必须在播种前使氨态氮转化为硝态氮，这种转化有一个过程，需要一定的时间。

② 适当增加磷、钾肥用量，注意氮、磷、钾平衡施用，可以促进根系生长，提高秧苗抗逆性。

③ 播前化学肥料培肥一般亩施 45% 高效复合肥 50kg，尿素 10kg，

氯化钾 12.5kg，施后深翻 3 次以上，使肥料充分均匀拌和在 20cm 土层内。

（三）床土消毒

每亩用敌克松 1.5～2kg 对水喷洒，进行床土消毒，控制与防治秧苗立枯病的发生与为害。

（四）苗床制作

一般苗床畦宽 1.4～1.5m（视综合利用情况而定）；按畦沟宽 25～30cm，深 20cm，外围沟宽 30cm、深 35cm 的要求配套苗床沟系。

（五）种子处理

播种前晒种 1～2d，然后用药剂浸种，防治恶苗病、干尖线虫病等种传病害与控制秧苗期灰飞虱传毒危害。催短芽落谷。

（六）精细播种

旱育秧常规粳稻、杂交稻每亩大田用种量分别控制在 2.5～3kg 和 1～1.25kg。落谷前 1d 下午将苗床浇透底墒，使 0～5cm 土层水分达饱和状态；播种时根据播量按畦称种，均匀撒播，播后用木锨将芽谷轻轻拍入土中；均匀覆盖营养土，厚度 1cm，盖后及时喷足水；畦面无积水后，应用旱育秧专用除草剂，防除苗床杂草；地下害虫严重的田块，选择对应药剂进行防治。

（七）覆盖管理

播后气温正常可不盖地膜，直接在苗床表面撒一层 1～2cm 厚的麦壳或其他作物碎屑，保湿增温，并防止高温烧苗。如播后气温较低可加盖地膜，待 5～7d 齐苗后及时揭膜。

（八）苗期管理

1. 水分管理

播种后，一般 5～7d 便可齐苗，要适时揭去苗床上的覆盖物，并立即喷一次透水，补充土壤水分。2～3 叶期是旱育秧对水分亏缺最敏感的时期，也是防止死苗、提高成苗率的关键时期，要注意及时补水。4 叶期以后是控水旱育壮秧的关键，即使中午叶片出现萎蔫现象也无需补水。但发现叶片有"卷筒"现象时，可在傍晚喷些水，但一次补水量不宜大，喷水次数不能多。移栽前一天傍晚，浇一次透水。

2. 追肥技术

3 叶期及时追施促蘖肥，每亩施尿素 4～5kg；拔秧前 1～2d，每亩施尿素 7～8kg 作送嫁肥。

3. 矮化促蘖技术

1 叶 1 心期，每亩用 15% 多效唑可湿性粉剂 70g 对水 100kg 喷雾，控制秧苗徒长，促根促蘖。

4. 选用高效、无（少）残留药种

及早防治秧田期螟虫、灰飞虱及苗（叶）瘟等病虫草害。

二、肥床旱育高产栽培关键技术

在选好品种、适期播栽和培育壮秧的基础上，超级稻肥床旱育壮秧高产栽培要注意掌握以下 4 个关键技术环节。

（一）宽行稀植，定量控苗

超级稻品种（组合）一般植株较高，生长量大。如果密度过高，行距小，会引起群体通风透光不良，病虫发生量大且防治困难。而扩大行距和稀植，有利于群体通风透光，促进大穗形成，降低倒伏风险，减少病虫发生几率。要根据超级稻品种特性，合理确定适宜株行距，定量控制基本苗。杂交稻一般亩栽 1.2 万～1.6 万穴，单本栽插，单株带蘖少的可插双本；常规粳稻一般亩栽 1.5 万～2.0 万穴，双本栽插。

在种植密度确定情况下，按宽行窄株方式种植。行距须根据生产水平和品种特性而定，一般来说产量水平高的施肥量多些，行距要放大些，反之要小些；品种株型松散、植株较高的行距要大些，反之株型紧凑、植株较矮的行距要小些。这样有利于控制株高，提高成穗率，减少纹枯病发生几率。大面积高产实践证明，现行的高产品种单季常规粳稻的平均行距 26～30cm 具有普遍性，杂交稻可扩大到 30～33cm。

同时，要注意浅插，夹秧手指入土要浅，以 2cm 左右为宜。

（二）节水好气灌溉，发根促蘖

在整个水稻生长期间，除水分敏感期和用药施肥时采用间歇浅水灌溉外，一般以无水层或湿润灌溉为主，使土壤处于富氧状态，促进根系生长，增强根系活力。要坚持浅水插秧活棵，薄露发根促蘖，到施分蘖肥时要求田面无水，结合施肥灌浅水，达到以水带肥的目的。当田间群体茎蘖数达到预计穗数的 80% 左右时开始多次轻搁田，使群体叶色褪淡落黄，高峰苗控制预期穗数的 1.2～1.3 倍。营养生长过旺的适当重搁田。孕穗至抽穗扬花期灌寸水，倒 2 叶龄期采用干湿交替灌溉，以协调根系对水气的需求，直至成熟。栽培上后期切忌断水过早，影响产量和米质。

在水稻分蘖期开好排水沟，实施好气灌溉，增加土壤含氧量，提高土温，改善水稻生长的土壤环境，促进根系生长和深扎，提高根系活力。通过根系生长调节，提高肥料的利用率，提高结实率和充实度。降低田间水分的灌溉量和排放量，有效控制化肥农药随水流排出污染环境。

（三）精确施肥，提高肥料利用率

精确施肥是根据超级稻目标产量及植株不同时期所需的营养元素量及土壤的营养元素供应量，计算所施的肥料类型和数量。同时结合不同生长期植株的生长状况和气候状况进行施肥调节。肥料的施用与灌溉结合，以改善根系生长量和活力，提高肥料的利用率和生产率。

首先，确定施肥总量。主要是根据斯坦福的差值法公式计算出施氮总量，然后再根据测土配方施肥结果确定磷钾肥的施用量。施氮总量（kg/亩）=（目标产量需氮量－土壤供氮量）/氮肥当季利用率。单季粳稻亩产 600～700kg 的百千克稻谷需氮量为 1.9～2.0kg，基础产量 300～400kg 地力水平的每百千克稻谷的需氮量为 1.5～1.6kg。同级产量水平下，籼稻的百千克稻谷需氮量比粳稻低 0.2kg 左右。氮素当季利用率为 42.5%（40%～45%）。这样，根据上述指标并结合测土配方施肥结果，即可计算出氮、磷、钾肥施用总量。磷肥全部基施，钾肥 50% 作基肥，50% 作拔节肥。

其次，确定氮肥基蘖肥与穗肥比例。5 个伸长节间以上的单季粳稻，中、大苗移栽的，基蘖肥与穗肥比例以 5：5～4：6 为宜，籼稻的基蘖肥以 7 : 3 ~ 6 : 4 为宜。前茬作物秸秆全量还田条件下，基蘖肥比例提高 10% 。基蘖肥中基肥占 70% ~ 80% ，分蘖肥占 20% ~ 30% ，分蘖肥在移栽后 4 ~ 6d 施用。穗肥分促花肥和保花肥两次施用。

第三，穗肥的精确施用及调节。在无效分蘖期群体叶色落黄的基础上，要及早地施好穗肥，具体施用时间和用量要因苗情而定：对无效分蘖期叶色正常褪淡，高峰苗为预期穗数 1.2 ~ 1.3 倍的达标群体，穗肥于倒 4 叶和倒 3 叶期，分两次施用最佳；对叶色落黄早、生长量小的群体可采取倒 5 叶早施穗肥，适当增加用量，并于倒 4 叶再用一次穗肥；对无效分蘖期叶色较深而不褪淡，生长量超过预期穗数 1.4 倍的大的群体，穗肥可推迟到倒 3 叶一次施肥，且用量要适当减少。

产量目标较高的田块可在破口期或齐穗期亩喷施磷酸二氢钾150g + 尿素200g，能延长超级稻倒 3 叶的寿命与功能，增加其后期光合产物的积累，提高结实率和充实度，从而增加产量。

（四）综合防治，降低病虫草害发生

超级稻品种在高温高湿或多雨不透气环境下容易感染纹枯病、螟虫和稻飞虱的危害，要密切注意天气变化，并根据病虫测报资料，及时做好防治工作，采取科学的防治策略，提高病虫害防治效果。杂草的防除要选用高效除草剂拌肥于分蘖期施肥时撒施并保持浅水层 5d 左右。

第五章　超级稻主要病虫草害
综合防治技术

超级稻病虫草害发生时期及发生规律、发生次数与常规栽培品种基本一致，常规品种上发生的病虫草害也同样能在超级稻上发生。但是，由于超级稻品种株型较高，长势繁茂，穗型较大，体内营养物质丰富，其病虫草害发生与常规品种又有不同之处，如超级稻的纹枯病、螟虫、稻飞虱等主要病虫害发生数量大，为害比常规品种更严重。

第一节　主要病害及其防治

一、纹枯病

纹枯病又叫云纹病，俗名有眉目斑、花脚瘟和霉绿秆等，是水稻重要病害之一。

（一）为害症状

该病一般在分蘖盛期开始发生。先在稻株基部靠近水面的叶鞘上出现灰绿色小斑点，以后逐渐扩大为几个厘米大小的不规则云纹状斑，病斑中央灰白色，边缘灰褐色或灰绿色水渍状。病斑可以蔓延到叶片上，并逐渐向上部叶鞘和叶片发展，直到剑叶甚至稻穗和谷粒上。稻穗受害变成墨绿色，严重时成枯孕穗或变成白穗。当田间湿度大时，病部产生白色至浅褐色的菌丝，而后由菌丝集结成暗褐色菜籽大小扁球形或不规则形的菌核，表面粗糙，极易脱落。

（二）发生特点

纹枯病是一种土传病害。病菌以菌核在土壤中越冬，也能以菌丝或菌核在病稻草、田边杂草以及其他寄主上越冬。菌核有很强的生活力，并且数量很大，每亩可达 5 万～10 万粒，重病田可达 100 万粒以上。春耕灌水耕耙后，菌核漂浮在水面，插秧后随水漂浮在稻株基部的叶鞘上，长出菌丝，从叶鞘内侧的气孔或直接穿破表皮侵入为害。部分下沉的菌核，也能在水底萌发产生菌丝伸出水面，侵染稻株。故水面和水下的菌核均可成为初侵染的来源。病菌侵入稻株后，在组织内不断扩展，在病斑上又产生菌丝和菌核，不断进行再侵染，使病害继续蔓延扩大。在条件适宜时，每上升一个叶位，高秆品种需 3～5d，矮秆品种只需 2～3d，到抽穗前后 10d 左右达到高峰期，为害性也最大。

纹枯病的发生与流行受品种抗病性、菌源数量、气候条件、栽培管理等因素影响。一般粳稻比籼稻容易感病，生育期较短的品种比生育期较长而迟熟的品种发病严重。田间越冬菌核残留量的多少与稻田初期发病轻重有密切关系。上季、上年的轻病田，打捞菌核较彻底的田块，菌源少，一般发病轻；重病田、越冬菌核残留量大的田块，初侵染来源多，发病也重。

该病是高温高湿的病害。病菌发育温度范围为 10～38℃，适温为 28～32℃。侵染稻株适温也为 28～32℃，但要有 96% 以上的相对湿度，湿度在 85% 以下，病害受抑制。日光对菌丝有抑制作用，但可促进菌核的形成。菌核在 27～30℃ 和相对湿度 95% 以上时，1～2d 内就可萌发。从苗期到穗期均可发病。一般大田在分蘖盛、末期病情开始上升，而孕穗至抽穗期为发病盛期。水稻生长前中期，病害主要在稻株基部叶鞘横向扩展。抽穗以后，在温湿条件适宜情况下，病害很快向上面的叶鞘、叶片侵染扩展。

（三）识别要点

病斑云纹状、后期产生鼠粪状菌核。

（四）综合防治措施

1. 清除菌源

在秧田或本田翻耕、灌水、耙平时，大多数菌核浮在水面，混杂在浪渣中，漂到田角和田边，可将浪渣打捞带出田外烧毁或深埋，以减少菌源。此外，病稻草不能还田，用稻草垫栏的肥料必须充分腐熟方可使用。同时应注意铲除田边杂草。

2. 栽培防病

种植抗病品种；合理施肥，注意氮、磷、钾肥配合施用，适当控制氮肥，增施钾肥，做到长效肥与速效肥相结合，农家肥与化肥相结合，氮肥应早施，切忌偏施氮肥和中后期大量施用氮肥；好气灌溉，改变水稻生长中高湿的环境条件，水稻生长前期浅水灌溉，中期（分蘖末期至拔节前）适当晒田，后期干湿交替灌溉，即避免长期深灌，也要防止过度晒田；合理稀植，尽量使田间通风透光，降低田间湿度，减轻发病程度。

3. 药剂防治

应在发病初期及早进行防治。一般在水稻分蘖末期丛发病率达5%，或拔节到孕穗期丛发病率达10%～15%的田块，需用药防治。对于中病型田块，第一次喷药可挑治，喷药部位为中下部叶鞘，第二次喷药应全田喷。对于重病型田块，第一次喷药就应全田喷，根据病情再喷2～3次。可用5%井岗霉素每亩100～150ml、50%多菌灵及甲基托布津（甲基硫菌灵）可湿性粉每亩150～200g、25%禾穗宁可湿性粉每亩50～75g。施药方法有喷雾（加水75kg）、泼浇（加水400kg）及毒土法（加细土20kg）。

二、稻瘟病

稻瘟病是水稻最常见、最主要的病害，在水稻整个生育期都可以发生。稻瘟病可引起大幅度减产，流行年份一般减产10%～20%，严重时减产40%～50%，甚至颗粒无收。主要为害叶片、茎秆、穗部。根据为害时期、部位不同分为苗瘟、叶瘟、节瘟、穗颈瘟、谷粒瘟。

（一）为害症状

苗瘟：发生于三叶前，由种子带菌所致。病苗基部灰黑，上部变褐，卷缩而死，湿度较大时病部产生大量灰黑色霉层。

1. 叶瘟

秧苗及成株的叶片上均可发生，初期表现针头大小的褐色斑点，很快扩大。一般在分蘖盛期发生，严重时，远望发病田块如火烧过似的。病斑有4种类型：

① 急性型病斑：病斑不规则，由针头大小至近似绿豆大小，大的病斑两头稍尖，水渍状，暗绿色，背面密生灰绿色霉层。

② 慢性型病斑：开始在叶上产生暗绿色小斑，逐渐扩大为梭形斑，常有延伸的褐色坏死线。病斑中央灰白色，边缘褐色，外有淡黄色晕圈，潮湿时叶背有灰色霉层，病斑较多时连片形成不规则大斑。

③ 褐点型病斑：多在老叶上产生针尖大小的褐点，只产生于叶脉间，产生少量孢子。

④ 白点型病斑：嫩叶发病后，产生白色近圆形小斑，不产生孢子。

2. 节瘟

常在抽穗后发生，一般发生在剑叶下第一、第二节，节上初生黑褐色小斑点，逐渐呈环状扩展，最后使整个节部变成黑色，造成茎秆节弯曲或折断。

3. 穗颈瘟

发生在穗颈和穗轴或小枝梗上，对产量影响最大。初期出现小的淡褐色病斑，边缘有水渍状的褪绿现象。以后病部向下或向上扩展，长的可达2~3cm，颜色加深，最后变黑枯死或折断，造成瘪谷甚至白穗。

4. 谷粒瘟

发病早的病斑呈椭圆形，中部灰白色，以后使整个谷粒变为暗灰色的秕谷；发病迟的常形成不规则的黑褐色斑点。有的颖壳无症状，护颖受害变褐，使种子带菌。

（二）发生特点

稻瘟病病菌主要以分生孢子和菌丝体在稻草和稻谷上越冬。翌年产生分生孢子借风雨传播到稻株上，萌发侵入寄主向邻近细胞扩展发病，形成中心病株。病部形成的分生孢子，借风雨传播，进行再侵染。播种带菌种子可引起苗瘟。菌丝生长温限 8～37℃，最适温度 26～28℃。孢子形成温限 10～35℃，以 25～28℃ 最适，相对湿度 90% 以上。孢子萌发需有水存在并持续 6～8h。适温高湿，有雨、雾、露存在条件下有利于发病。适宜温度才能形成附着胞并产生侵入丝，穿透稻株表皮，在细胞间蔓延摄取养分。阴雨连绵，日照不足或时晴时雨，或早晚有云雾或结露条件，病情扩展迅速。同一品种在不同生育期抗性表现也不同，秧苗 4 叶期、分蘖期和抽穗期易感病，圆秆期发病轻，同一器官或组织在组织幼嫩期发病重。穗期以始穗时抗病性弱。放水早或长期深灌根系发育差，抗病力弱发病重。光照不足，田间湿度大，有利分生孢子的形成、萌发和侵入。山区雾大露重，光照不足，稻瘟病的发生为害比平原严重。偏施迟施氮肥，不合理的稻田灌溉，均降低水稻抗病能力。

（三）诊断要点

病斑呈梭形或纺锤形、两端有向外延伸的褐色坏死线、病斑中央灰白色称为崩溃部、边缘褐色称为坏死部、病斑外常有淡黄色晕圈称为中毒部、湿度大时病斑背面产生灰绿色霉层。"三部一线"是稻瘟病的典型病斑的识别要点。

（四）综合防治措施

1. 加强种子处理

从无病田或轻病田留种，带菌种子应进行种子消毒，可用 50% 多菌灵可湿性粉剂 350 倍液，室温下浸种 24～36h，每日搅动数次，然后用清水浸种催芽，或用 80% "402" 抗菌剂 8 000 倍液浸种，早稻、中籼稻浸种 2～3d，粳稻浸种 3～4d，或 70% 托布津可湿性粉剂 1 000 倍液浸种 2d。

2. 减少菌源

不播种带病种子；清除田间及田边的病稻草，要在播种前处理完；不用病稻草盖膜、捆秧等。

3. 加强栽培管理

选用抗病性强的品种；适量播种，培育粗壮老健无病或轻病秧苗，防治苗叶瘟；合理施肥，不偏施和过多施用氮肥，注意氮、磷、钾配比，施足基肥，早追肥，中后期看苗、看天、看田酌情施肥；合理灌溉，在分蘖盛期前，及时搁田，可增强植株抗病能力，控制叶瘟的发生和发展，从而减少药剂防治的面积。抽穗期灌脚板水，满足花期需要，灌浆期湿润灌溉，有利于后期青秆黄熟，减轻发病。

4. 药剂防治

稻瘟病常年流行地区，要采取抑制苗瘟、叶瘟和狠治穗颈瘟的药剂防治策略。在水稻移栽时用20%三环唑可湿性粉剂750倍液浸秧3～5min，取出堆闷20～30min后移栽，或亩用40%稻瘟灵（又名富士一号）乳油100ml对水60kg喷雾，可以有效控制和减少大田叶瘟的发生。药剂防治的重点是穗颈瘟，因其对产量及品质影响极大，若在破口期，天气预报有低温阴雨天气，必须立即施药防治。如果天气有利于病害继续发病，在灌浆期再喷施一次。常用的药剂有：75%三环唑粉剂20～30g/亩或40%稻瘟灵乳油或可湿性粉剂，70ml/亩用500倍液喷雾；或2%春雷霉素水剂75ml/亩500倍液喷雾。喷药时应注意躲开水稻开花期，在上午10点之前或下午3点之后喷药为宜，以避免影响水稻授粉。

三、恶苗病

水稻恶苗病又称徒长病、恶脚苗，在秧田和本田均可发生，一般以秧田期发生较重。

（一）为害症状

水稻发生恶苗病后，其发病植株的节间伸长，长得细而高，植株颜色较淡，叶片较正常株窄，节位上的叶鞘里或外有不定数的须根，稻秆内生有白色的霉物，后变成淡红色，有时是黑色的小点。发病的植株抽穗较早，穗子较小，并且谷粒少，或成为不实粒。病死的植株表面有浅红色或白粉霉物，病粒谷壳的内外颖合缝外，着生有浅红色霉层。

（二）发生特点

恶苗病主要以种子传病。该病初侵染菌源为种子带菌，菌黏附在稻种上，翌年使用了带病的种子，病菌就从秧苗的芽鞘或伤口侵入，引起秧苗发病徒长。带病的秧苗移栽后，把病菌带到大田，引起稻苗发病。当水稻抽穗开花时，病菌经风雨传到花器上，使谷粒和稻草带病菌，循环侵染为害水稻。恶苗病发生轻重与初次侵染菌源多少关系密切，也受气候条件、品种抗性和栽培管理的影响。发病与土温关系密切，土温30～35℃时，病苗最多。脱粒时受伤的种子或移栽时受伤的秧苗，易于发病。旱育秧比湿润育秧发病重，湿润育秧比水育秧重；长时间深水灌溉或插老秧、深插秧、中午插秧或插隔夜秧发病严重。

（三）综合防治措施

防治水稻恶苗病重点放在种子的处理上。

1. 选用无病的种子留种

不要在病田及附近稻田留种，要选用健壮稻谷，剔除秕谷或受伤稻谷，以压低菌源基数。

2. 严格消毒种子

做好种子消毒是预防恶苗病发生为害的一项简便易行、经济有效的措施。为了提高防病效果，一是坚持晒种、选种，以增强种子的生活力，提高种子的发芽率，除去带菌的秕谷。二是选准对口农药。可用50%的多菌灵500倍液，或25%咪鲜胺乳油3 000倍药液，或10%浸种灵4 000倍液浸种，或3%的生石灰水浸种，浸种时间在48～60h。三是提高消毒质量。在进行消毒时应保证种子不露出水面，避免阳光直接照射。消毒时将种子翻动一两次，以便使种子消毒均匀。处理后的种子不必用清水洗净，可直接进行催芽或播种。

3. 妥善处理病稻草

不能随便乱扔，也不能堆放在田边地头，不能作种子催芽或旱育秧的覆盖物，不能用来捆扎秧把，可集中高温堆沤，严重的或火烧。

4. 加强栽培管理

选用抗病品种；选用无病田作秧田，早施秧苗断奶肥，视情追施送嫁肥，以满足秧苗生长的营养需要和增强秧苗抗逆能力；扯秧时尽量减少秧苗损伤，插到大田后应做到早追肥、早中耕，坚持浅水分蘖、适时适度晒田的管水方法，促使禾苗早生快发，确保植株健壮生长；不管是在秧田还是大田里，发现病株应及时彻底拔除，并带出田外深埋或晒干烧毁，防止扩大侵染。

四、白叶枯病

水稻白叶枯病俗称白叶瘟、地火烧、茅草瘟，是水稻上主要病害之一。

（一）为害症状

白叶枯病一般为害水稻叶片，也可侵染叶鞘。水稻整个生育期均可受害，苗期、分蘖期受害最重。其症状因病菌侵入部位、品种抗病性、环境条件有较大差异，可分为 5 种类型。

1. 叶缘型

又称叶枯型，是最常见的典型病斑。主要为害叶片，严重时也为害叶鞘。由于病菌多从水孔侵入，因此，病斑多从叶尖或叶缘开始，最初形成暗绿色短线状斑，随即扩展为短条状，后沿叶缘两侧或中脉向上或向下延伸，形成长条斑状，初为暗绿色水渍状，后变黄，最后转为黄褐色或灰白色，且病健组织交界处有明显的不规则波纹状，与健部界限分明；籼稻病斑多呈黄褐色或橙黄色，病健界限没有粳稻那么清楚。

2. 急性型

多发生在多肥、深灌、高温闷热、连阴雨多和易感病的品种上。病叶青灰色或暗绿色，并迅速失水，向内卷曲，呈青枯状。一般仅限于上部叶片，不蔓延全株，凡有此种症状的出现，表示病害区在急剧发展。

3. 凋萎型

一般在秧田后期和大田分蘖返青期发病，最明显的症状是病株心叶或心叶以下 1～2 片叶尖失水，以主脉为中心，从叶缘向内卷紧不能展开，由于失水而下垂呈凋萎状。其他叶片仍保持青绿，很像螟虫为害造成的枯心苗，区别在于茎部无虫伤孔。剥开青卷的枯心叶，常发现叶面，特别是叶缘的水孔有蜜黄色球状菌脓，如将外叶鞘剥去，可见到枯心叶鞘下部的白色部分有水渍状条斑，其中，多充满菌脓而呈黄色，折断病株茎基部，用手挤压，可见到黄色菌脓溢出。

4. 中脉型

在水稻分蘖或孕穗期，叶片中脉起初呈现淡黄条斑状，逐渐沿中脉扩展成上至叶尖下至叶鞘、枯黄色长条斑，并向全株扩展成为中心病株，这种病株常常没有出穗就死去。

5. 黄化型

是不常见的一种症状，发病初期心叶并不枯死，仅可见不规则褪绿斑，进而扩展为大块枯黄的病斑，病叶基部偶有水浸状断续小条斑。天气潮湿或晨露未干时上述各类病叶上均可见乳白色小点，干后结成黄色小胶粒，很易脱落。

（二）发生特点

白叶枯病菌主要在稻种、稻草和稻桩上越冬。播种病谷，病菌可通过幼苗的根和芽鞘侵入。病稻草和稻桩上的病菌，遇到雨水就渗入水流中，秧苗接触带菌水，病菌从水孔、伤口侵入稻体。用病稻草催芽，覆盖秧苗、扎秧把等有利病害传播。病斑上的溢脓，可借风、雨、露水和叶片接触等进行再侵染。白叶枯病最适宜流行的温度为 26～30℃，20℃以下或 33℃以上病害停止发生发展。雨水多、湿度大，特别是台风暴雨造成稻叶大量伤口并给病菌扩散提供极为有利的条件；秧苗淹水；本田深水灌溉，串灌、漫灌，施用过量氮肥等均有利发病；品种抗性有显著差异，一般中稻发病重晚稻，籼稻重于粳稻，矮秆阔叶品种重于高秆窄叶品种，不耐肥品种重于耐肥品种。

（三）防治方法

1. 严格种子处理

选用无病种子，杜绝病菌来源，在无病区应严格遵守检疫制度，不从病区调进种子，严防病菌传入；做好种子消毒，可用 1% 石灰水或 80% "402" 抗菌剂 2 000 倍液浸种 2d 或 50 倍液的福尔马林浸种 3h 闷种 12h，洗净后再催芽。也可选用浸种灵乳油 2ml，对水 10～12L，充分搅匀后浸稻种 6～8kg，浸种 36h 后催芽中。

2. 妥善处理好病稻草

病稻草堆放要远离秧田，不使病菌接触种、芽、苗、水等，以防病菌传入秧田，带入大田。

3. 加强栽培管理

选用抗病品种，病害常发田、低洼易涝田要选用抗病品种；加强水肥管理，严防大水淹没秧苗，培育高素质壮秧，提倡旱育秧和塑盘育秧。大田严防串灌、漫灌、深灌，杜绝病田水流入无病田里，对易涝淹的稻田及时做好排水工作。大田应浅水勤灌，干干湿湿，干湿交替，适时适度烤田。施足底肥，多施磷、钾肥，不要过量过迟追施氮肥。

4. 药剂防治

老病区秧田期喷药是关键，一般在 3 叶 1 心期和移栽前各施一次药；大田施药做到"有一点治一片，有一片治一块"的原则，及时喷药封锁发病中心，如气候有利发病，应实行同类田普查防治，从而控制病害蔓延。可选用消菌灵、叶枯宁、菌毒清、叶枯净等药剂。各种杀菌剂可交替使用，以延长农药的使用寿命，一般 5~7d 施药 1 次，连续 2~3 次，每次每亩需加水 60kg 均匀细水喷雾，并在露水干后进行，以免因操作传播病害。

五、稻曲病

稻曲病是水稻生长后期发生的一种真菌性病害，是水稻的主要病害之一，又称伪黑穗病、绿黑穗病、谷花病及青粉病。稻曲病的发生一方面将直接影响水稻产量，通常发病的田块将减产 10%~15%，严重的田块可达 50%；另一方面稻曲病病菌会严重污染粮食，人、畜食用后影响健康。

（一）为害症状

稻曲病只发生于穗部，为害部分谷粒。在一个穗上通常有一至几粒，严重时多达十几粒甚至几十粒发病。受害谷粒内形成菌丝块渐膨大，内外颖裂开，露出淡黄色块状物，即孢子座，后包于内外颖两侧，使病粒比健粒大 3~4 倍，呈黑绿色，初外包一层薄膜，后破裂，散生墨绿色粉末，即病菌的厚垣孢子，有的两侧生黑色扁平菌核，风吹雨打易脱落。

（二）发生特点

病菌以落入土中菌核或附于种子上的厚垣孢子越冬。翌年菌核萌发产生厚垣孢子，由厚垣孢子再生小孢子及子囊孢子进行初侵染。气温24～32℃病菌发育良好，26～28℃最适，低于12℃或高于36℃不能生长。孢子借助气流传播散落，在水稻破口期侵害花器和幼器，造成谷粒发病。稻曲病从抽穗后至成熟期均能发生，其中，孕穗期最易感病。不同品种对稻曲病的抗病性有明显的差异，抽穗早的品种发病较轻；气候条件是影响稻曲病发育感染的重要因素，特别是与降雨量和温度的关系最为密切，抽穗扬花期遇雨及低温则发病重；施氮过量或穗肥过重加重病害发生；连作地块发病重。

（三）识别要点

一穗中有部分籽粒颖壳变成稻曲病粒，比健粒大3～4倍，呈黄绿色或墨绿色。

（四）综合防治措施

1. 选用抗病品种

一般来说，散穗型、早熟品种发病较轻；密穗型、晚熟品种发病较重。

2. 选用无病种子

应从无病田留种，种子田一旦发现病粒，要及时摘除，深埋土中或烧埋；播种前结合盐水选种，淘汰病粒；结合防治恶苗病进行种子消毒。

3. 减少菌源

重病地块收获后要深耕翻埋菌核；播种前，及时清理田间杂物等病残体。

4. 合理追肥，科学管理

适量施用化肥，氮、磷、钾肥配合使用，施足基肥、巧施穗肥、适时适量施硅肥，切忌过多过迟施用氮肥；水浆管理上，浅水勤灌，宜干干湿湿灌溉，适时适度晒田，增强稻株根系活力，降低田间湿度，提高抗病性。

5. 药剂防治

防治稻曲病的关键时期是水稻孕穗后期（破口期 3 ~ 5d）。每亩可用 18% 多菌酮粉剂 150 ~ 200g，或 30% 爱苗 20ml，或 5% 井冈霉素水剂 100 ~ 130ml，对水 50 ~ 60kg 喷雾。易感品种在抽穗期遇下雨天气时，则在水稻破口中期（水稻破口 50% 左右）再施药 1 次。齐穗期防治效果较差。若施药后 6 h 内遇雨，应及时补喷。施药时田间应有 3 ~ 5cm 水层，并保水 3d。

六、条纹叶枯病

水稻条纹叶枯病是由灰飞虱传播引发的一种病毒病。水稻条纹叶枯病为害重、损失大，一般发病田块产量损失在 20% ~ 30%，严重田块几乎会造成绝收。

（一）为害症状

水稻感病后 7 ~ 10d 显症，病毒潜育期最长 25d，不同时期发病，其症状有所差异。

苗期发病：心叶基部出现褪绿黄白斑，后扩展成与叶脉平行的黄色条纹，条纹间仍保持绿色。不同品种表现不一，粳稻和高秆籼稻心叶黄白、柔软、卷曲下垂、成"假枯心"。矮秆籼稻不呈枯心状，出现黄绿相间条纹，分蘖减少，病株提早枯死。

分蘖期发病：先在心叶下一叶基部出现褪绿黄斑，后扩展形成不规则黄白色条斑，老叶不显病。籼稻品种不枯心，粳稻品种半数表现枯心。病株常枯孕穗或穗小畸形不实。

拔节后发病：在剑叶下部出现黄绿色条纹，各类型稻均不枯心，但抽穗畸形，结实很少，形成"假白穗"。

（二）发生特点

水稻条纹叶枯病病毒仅靠介体昆虫传染，其他途径不传病。介体昆虫主要为灰飞虱，一旦获毒可终身并经卵传毒，至于白脊飞虱在自然界虽可传毒，但作用不大。最短吸毒时间 10min，循回期 4～23d，一般 10～15d。病毒在虫体内增殖，还可经卵传递。病毒侵染禾本科的水稻、小麦、大麦、燕麦、玉米、看麦娘、狗尾草等 50 多种植物。但除水稻外，其他寄主在侵染循环中作用不大。病毒在带毒灰飞体内越冬，成为主要初侵染源。在大、小麦田越冬的若虫，羽化后在原麦田繁殖，然后迁飞至早稻秧田或本田传毒为害并繁殖，早稻收获后，再迁飞至晚稻上为害，晚稻收获后，迁回冬麦上越冬。水稻在苗期到分蘖期易感病。叶龄长潜育期也较长，随植株生和抗性逐渐增强。条纹叶枯病的发生与灰飞虱发生量、带毒虫率有直接关系。春季气温偏高，降雨少，虫口多发病重；稻、麦两熟区发病重，大麦、双季稻区病害轻；早播田块重于迟播田块；粳稻重于籼稻；圩区重于丘陵；田埂杂草多的田块病情加重；秧苗期和本田分蘖期最易感病。

（三）综合防治措施

水稻条纹叶枯病的防治应坚持"预防为主、综合防治"的方针，采取"切断毒链、治虫防病"的策略，按照"治麦田保秧田，治秧田保大田，治前期保后期"的思路，协调和利用农业、物理、化学等方面措施，狠治灰飞虱，有效控制水稻条纹叶枯病发生与危害。

1. 选用抗（耐）病品种

要选择较抗、耐条纹叶枯病的品种，并根据实际适度发展杂交籼、粳稻生产，在品种布局上，提倡连片种植，以提高防治效果。

2. 调整播栽期，集中育壮秧

适当推迟播栽期，避开灰飞虱迁移高峰期；秧田选址尽量远离上年发病重田，减少一代成虫迁入传毒；秧田尽量集中连片，减少秧苗被灰飞虱刺吸与传毒几率，同时便于肥水管理和灰飞虱统防统治，提高防治效果；科学施肥，适当控制氮肥施用量，培育老健秧苗，增强植株抗逆性和抗病性。

3. 防除杂草、清洁田园

加大水稻秧田及大田周围杂草防除力度以恶化灰飞虱生存环境，减少过渡寄主，截断寄主链，减轻发病；尽早拔除病苗，既可以减少田间毒源，防止病情进一步加重，又可以促健株分蘖，让出空间与养分。

4. 开展药剂浸种

开展药剂浸种，压低秧田灰飞虱虫量，减轻发病。结合水稻种传病害的防治，选用吡虫啉、锐劲特等内吸性较强的药剂进行药剂浸种。将干稻种倒入使百克或其他种子处理剂与10%吡虫啉可湿性粉剂500～1 000倍液或25%先净悬浮剂1 500～2 000倍液或5%锐劲特悬浮剂800～1 000倍液中浸种48h，然后进行催芽落谷。

5. 重点抓好秧田灰飞虱防治

秧田期一代灰飞虱成虫防治是控制前期条纹叶枯病发生的关键，而且可以减轻大田防治压力。秧苗立针后，如果灰飞虱在迁入盛期内，要立即开始防治，后每隔3～5d防治一次。药剂应选用对灰飞虱击倒快、持效长的药剂，每亩可用高含量吡虫啉有效成分4～6g或5%锐劲特30～50ml或25%速灭威可湿性粉剂300g，在灰飞虱成虫迁移高峰期，加48%毒死蜱80ml或80%敌敌畏乳油200～250ml，以增加速效性。移栽前2～3d用好送嫁药，做到带药移栽。对秧田周围50m范围内的田块一并喷药防治，以减少虫口基数。

6. 适期控制大田期为害

二、三代灰飞虱若虫、成虫刺吸分蘖期和孕穗期稻株也能造成植株发病，由于水稻后期补偿能力小，危害性也较大，因此，做好二、三代灰飞虱防治工作十分必要。要把准用药时间，在二、三代灰飞虱卵孵高峰至低龄若虫高峰期进行防治。使用药剂与秧田期相同。

七、黑条矮缩病

水稻黑条矮缩病是一种由飞虱为主要传毒介体的水稻病毒性病害。水稻黑条矮缩病危害重、损失大，一般减产20%以上，严重的甚至绝收。

（一）为害症状

水稻黑条矮缩病在水稻整个生长期内都可能发生，发病越早，危害越大。一般多在中、晚稻栽后10～20d开始出现典型症状，病株叶枕倒缩，新叶叶枕被下位叶叶鞘包裹，叶片僵直，短小似竹叶，叶尖有扭曲畸形，叶片基部或中下部有皱褶或叶面上有瘤突，根系瘦弱细小，白根短而少，老叶黄化矮缩（或绿色矮缩），植株矮小，严重的仅有正常株 $1/3 \sim 1/2$ 高度，孕穗拔节（或抽穗）后节上有倒生须根，茎秆上有白色（后变褐）瘤突蜡泪条，不抽穗或穗小，结实不良。不同生育期染病后的症状略有差异。

1. 秧田期

感病秧苗叶片僵硬直立，叶色墨绿，根系短而少，生长发育停滞。

2. 分蘖期

感病植株明显矮缩，部分植株早枯死亡。

3. 拔节时期

感病植株严重矮缩，高位分蘖、茎节倒生有不定根，茎秆基部表面有纵向瘤状乳白色凸起。

4. 穗期

植株严重矮缩，不抽穗或抽包颈穗，穗小颗粒少，直接影响水稻产量。

（二）发生特点

水稻黑条矮缩病毒的寄主范围较广，其中，主要为害禾本科的水稻、大麦、小麦、玉米、高粱、粟、稗草、看麦娘和狗尾草等20多种。水稻黑条矮缩病病毒只靠灰飞虱、白背飞虱、白带飞虱等传染。其中，主要以灰飞虱传毒为主。褐飞虱不能传毒。介体一经染毒，终身带毒，但不经卵传毒。病毒主要在大麦、小麦病株上越冬，也有部分在灰飞虱体内越冬。水稻黑条矮缩病的发生流行与灰飞虱种群数量消长及携毒传播相对应。晚稻收获后，灰飞虱成虫转入田边杂草和冬播大小麦为害与越冬，越冬代成虫高峰为3月上中旬，一代成虫高峰在5月上中旬，迁入早稻秧田和本田传毒侵染；6月下旬至7月为二代成虫高峰期，迁入连晚秧田和单季晚稻本田传毒侵染；8～9月受高温影响，灰飞虱种群数量下降，相对传毒扩散减少；10～11月气温适宜，种群数量上升，随晚稻收获而迁入越冬场所活动。一般晚稻早播比迟播发病重，稻苗幼嫩发病重；大麦、小麦发病轻重、毒源多少，决定水稻发病程度。

（三）综合防治措施

水稻黑条矮缩病的防治也应采取"预防为主，防虫而达防病"的综合防治策略。

1. 消灭传染源

田边地头杂草是水稻黑条矮缩病病毒的中间寄主，应予以重点防除。可采用 30% 草甘膦水剂 100～150ml 或 200g/L 百草枯水剂 50～80ml 对水 15kg 定向喷雾打田边及田埂杂草。

2. 全面开展药剂浸种、拌种

结合水稻种传病害防治，大力推广 35% 稻拌成、5% 锐劲特、25% 吡虫啉等药剂浸种、拌种，利用药剂的内吸传导作用控制秧苗早期灰飞虱传毒。

3. 栽培防治

因地制宜选用抗病品种，实施主动抗病；采用机插秧、抛秧、直播等轻型栽培技术措施进行避虫避病，以减少带毒灰飞虱传毒的机会；适当增加用种量，增加单位面积上的秧苗数，可减少秧苗感染黑条矮缩病的概率。

4. 加强秧苗期管理

要狠治秧田一代灰飞虱成虫。选择持效性较好的 5% 锐劲特、25% 噻嗪酮、25% 吡虫啉（博得、先净）等，与速效性较好的毒死蜱（48% 新一佳、40% 新农宝）、异丙威、仲丁威、混灭威、敌敌畏等结合使用。移栽前 2～3d 用好送嫁药，做到带药移栽。

5. 适期防治大田前期灰飞虱

直播稻田的灰飞虱防治，于播种后 7～10d 用药。移栽稻和机插稻大田一般在移栽后 5～7d，结合稻纵卷叶螟、二化螟的防治进行兼治，隔 10d 左右再进行第 2 次防治，7 月后由于气温高，灰飞虱的数量下降，灰飞虱的传毒能力降低，不需作专门的防治。在水稻黑条矮缩病的常发区，在治虱防病时，选用菌克毒克等病毒钝化剂预防 1～2 次，可提高植株抗病毒能力，减轻发病危害程度。要注意交替用药，延缓灰飞虱抗药性产生，并注意毒死蜱、敌敌畏等农药的安全使用。

6. 做好应急补救措施

在水稻栽后 20d 内，当大田已经明显发病严重，对病穴率超过 7% 的田块，及时拔除病株，并就地入泥掩埋，然后从健丛中掰分 1/2 分蘖或将储备秧苗移栽在拔除病株留下的空穴中，并适当加施速效肥，可促使稻苗恢复群体生长。

第二节　主要虫害及其防治

一、二化螟

水稻二化螟，以成虫钻蛀水稻茎秆为害，一般较轻年份损失 5% 左右，大发生年份损失 20% 以上，是超级稻的主要害虫之一。

（一）为害症状

水稻分蘖期受害出现枯心苗和枯鞘；孕穗期、抽穗期受害，出现枯孕穗和白穗；灌浆期、乳熟期受害，出现半枯穗和虫伤株，秕粒增多，遇刮大风易倒折。二化螟为害造成的枯心苗，幼虫先群集在叶鞘内侧蛀食为害，叶鞘外面出现水渍状黄斑，后叶鞘枯黄，叶片也渐死，称为枯梢期。幼虫蛀入稻茎后剑叶尖端变黄，严重的心叶枯黄而死，受害茎上有蛀孔，孔外虫粪很少，茎内虫粪多，黄色，稻秆易折断。别于大螟和三化螟为害造成的枯心苗。

（二）发生特点

二化螟寄主除水稻外，还有玉米、谷子、甘蔗、茭白、芦苇及禾本科杂草。1 年一般发生 3 ~ 4 代，以幼虫在稻桩、稻草中或其他寄主的茎秆内、杂草丛、土缝等处越冬。气温高于 11℃ 时开始化蛹，15 ~ 16℃ 时成虫羽化。在稻型种植一致的地区，主要是第 1 代发生严重，如果一个地区插花种植，第 2 代发生为害也很严重。越冬幼虫抗寒力强，在越冬期间如遇环境不适宜，亦可爬行转移。若春季 4 月份化蛹期雨水多，则死亡率增大。成虫夜晚活动，有趋光性，喜欢把卵产在幼苗叶片上，圆秆拔节后产在叶宽、秆粗且生长嫩绿的叶鞘上；初孵幼虫先钻入叶鞘处群集为害，造成枯鞘，2~3 龄后钻入茎秆，3 龄后转株为害。该虫生命力强，食性杂，耐干旱、潮湿和低温条件。

（三）综合防治措施

1. 消灭越冬虫源

通过耕翻种植或浅旋耕灭茬，减少稻桩残存量，清理稻草，铲除田边、沟边的茭白、杂草，以减少虫源，破坏螟虫越冬场所，降低螟虫越冬成活率。

2. 淹水灭蛹

因二化螟初孵虫为害水稻叶鞘，因此迟熟冬作田、草籽留种田，在化蛹期淹水 3.5~6.5cm，可将大部分蛹淹死。或在第 1、第 2 代幼虫老熟期放干田水，让幼虫钻入根际化蛹，化蛹期淹深水 3d，可将大部分蛹淹死，杀虫效果 90% 以上。

3. 栽培避螟

选用抗耐虫品种；采用肥床旱育秧技术，降低落卵量；推广水稻轻型栽培技术，适当推迟水稻播种期，使易落卵的水稻苗期避开一代螟虫产卵盛期，降低秧田落卵量，减轻一代螟虫的发生量和全年发生基数。

4. 用频振式杀虫灯或性诱剂诱杀成虫

频振式杀虫灯诱杀是利用昆虫的趋光性诱杀成虫，一盏灯可控制 60 亩水稻，降低落卵量 70% 左右，在 4 月中旬装灯，并挂上接虫袋，每日傍晚开灯，次日凌晨关灯，9 月底撤灯，此法一次投资反复使用，且诱捕的害虫无农药污染，可作为优质天然水产养殖蛋白饲料，可谓一灯多效。性诱剂诱杀是利用昆虫性信息素诱杀雌成虫，要保持水盆诱捕器的盆口高度始终高出稻株 20cm，诱芯离水面 0.5~1cm，水中加入 0.3% 洗衣粉，在盆口边沿下 2cm 处挖 1 对小孔以控制水位，每天清晨捞出盆中死蛾，傍晚加水至水位控制口，每 10d 更换 1 次盆中清水和洗衣粉，每 20~30d 更换 1 次诱芯，以达到无公害防治的目的。

5. 药剂防治

一是坚持"狠治一代，普治二代"的防治策略。一代以压低基数为目标，秧田集中防治，防效明显。二代以控制危害为目标，保产夺丰收。二是掌握虫情，保证在卵孵高峰期至枯鞘初期施药。三是选准药剂，保证防效。要根据不同地区、不同代次，因地制宜选择药剂，尽量减少用药次数和用量，做到轮换用药，减缓抗药性，选择低毒和生物农药。四是正确施药，发挥药效。防治二代二化螟大水泼浇和粗喷雾的施药方式优于细喷雾和迷雾。

在卵孵盛期对卵量 50 块/亩以上田块及时喷药防治，防枯心、枯梢可在蚁螟期（卵孵盛期）用药；防白穗可在水稻破口初期（破口 10% 左右）用药，虫量大发生时，需在用药后 5 ~ 7d 防第 2 次。常用药剂有：5% 锐劲特悬浮剂、50% 杀螟松乳油、农家乐乳剂（阿维菌素 B_1）、5% 杀虫双颗粒剂、80% 杀虫单可湿性粉剂、25% 阿克泰水分散颗粒剂、30% 稻丰灵液剂等。

二、稻纵卷叶螟

稻纵卷叶螟是一种迁飞性害虫，又名刮青虫、白叶虫、苞叶虫。水稻受害后千粒重降低，空瘪率增加，生育期推迟，一般减产 20% ~ 30%，重的达五成以上，大发生时稻田一片枯白甚至颗粒无收。

（一）为害症状

初孵幼虫先在心叶及附近取食，出现针头状小点，二龄后开始吐丝，把叶片纵卷成圆筒状虫苞，幼虫藏身其内啃食叶肉，只剩下虫苞外表的一层表皮，形成白色条斑。

（二）发生特点

主要为害水稻，有时为害小麦、甘蔗、粟、禾本科杂草。成虫白天喜群集在生长嫩绿、湿度大的稻田或生长茂密的草丛间，晚上飞回稻田产卵。成虫产卵具有趋嫩绿性，卵多散产在植株上部 1 ~ 3 个叶片上，并以剑叶下的叶片卵量最高，且叶背多于叶面，少数产在叶鞘上，多为一处一卵。初孵幼虫多在心叶取食叶肉，2 ~ 3 龄时在叶尖或叶的上、中部结小虫苞，4~5龄时将整叶或两叶卷成虫苞，白天躲在苞内取食，晚上出来或转移到新叶上结新苞为害，一生能结苞4~5个，如遇阴雨或惊扰时，转苞次数增加，为害加重。老熟幼虫主要在距离地面7~10cm处叶鞘内，枯黄叶片或稻丛基部及老虫苞内化蛹。中温高湿有利于稻纵卷叶螟的发生，温度在22~28℃，相对湿度80%以上最为适宜，如连续阴雨，加重发生。但在孵化期遇暴风雨，幼虫被冲刷存活率下降。就水稻品种与生育期而言，为害程度粳稻>籼稻，矮秆>高秆，阔叶>窄叶，抽穗期>分蘖期>乳熟期。另外密植的比稀植的受害重，施氮肥偏晚或过多的受害重。生产上1、5代虫量少，一般以2、3代发生为害重。

（三）综合防治措施

稻纵卷叶螟的防治应以农业防治为基础，合理使用农药，协调化学防治与保护利用自然天敌的矛盾，将幼虫的为害控制在经济允许水平之下。

1. 农业防治

一是选用抗（耐）虫的良种，在高产、优质的前提下，应选择叶片厚硬、主脉坚实的品种类型，使低龄幼虫卷叶困难，成活率低，达到减轻为害的目的；二是合理施肥，防止前期猛发旺长，后期贪青迟熟，促使水稻生长发育健壮、整齐，适期成熟，提高水稻本身的耐虫能力，以缩短为害期；三是科学管水，适当调节搁田时期，降低幼虫孵化期的田间湿度，或在化蛹高峰期灌深水2~3d，防治效果较好；四是合理布局，减少混栽，减少蜜源作物。

2. 生物防治

一是保护自然天敌，在"两查两定"的基础上，协调药剂防治时间、药剂种类和施药方法。如按常规时间用药，对天敌杀伤大时，应提早或推迟用药；如虫量虽已达到防治指标，但天敌寄生率很高，也可不用药防治。在选择药剂种类和施药方法时，还应尽量注意采用不杀伤或少杀伤天敌的种类和方法以保护自然天敌；二是释放赤眼蜂，从发蛾始盛期开始到蛾量自高峰下降后为止，每隔2~3d释放1次，连放3~5

次。放蜂量根据稻纵卷叶螟的卵量而定，每丛有卵 5 粒以下，每次每亩放 1 万头左右；每丛有卵 10 粒左右，每次每亩放 3 万～5 万头；三是以菌治虫，施用生物农药杀螟杆菌、青虫菌或苏云金杆菌 HD-1 菌剂（每克菌粉含活孢子 100 亿以上），每亩 150～200g，加 0.1% 洗衣粉或茶籽饼粉作湿润剂，对水 60～75kg 喷雾，若再加入少量化学农药（约为农药常用量的 5%），则可提高防治效果。

3. 药剂防治

要在卵孵高峰期至 2 龄幼虫盛期（即大量叶尖被卷时期），使用药剂防治较为恰当，尤其是一些生长嫩绿的稻田，更应作为防治对象田。药剂防治应狠治水稻穗期为害世代，不放松分蘖期为害严重的世代，采取"狠治二代、巧治三代、挑治四代"的综防措施，一般年份防治只需施药一次，即可达到消灾保产的目的。三、四代幼虫视发生情况结合其他病虫兼治。幼虫 3 龄前是药剂防治的最好时机，常用药剂有：5%锐劲特悬浮剂、10% 吡虫啉可湿性粉剂、40% 毒死蜱乳油、46% 特杀螟可湿性粉剂、1.8% 甲维盐悬浮剂、2% 阿维菌素悬浮剂等。一般傍晚及早晨露水未干时施药的效果较好，晚间施药效果更好，阴天和细雨天全天均可施用。在防治失时或漏治、幼虫已达 4～5 龄的情况下，选用触杀性较强的药剂及时补治。在施药前先用竹帚猛扫虫苞，使虫苞散开，促使幼虫受惊外出，然后施药，可提高防治效果。施药期间应灌浅水 3～6cm，保持 3～4d。如在搁田或已播绿肥不能灌水时，药液应适当增加。

三、稻飞虱

常见的有褐飞虱、白背飞虱和灰飞虱。稻飞虱的发生为害具有隐蔽性，呈成团发生和为害，从整个稻田表面看，稻株仍生长正常，若不拨开稻丛查看，不易发现有稻飞虱为害，其为害都是群集在稻株的下部取食，用刺吸式口器刺进稻株组织吸食汁液。虫量大时引起稻株下部变黑，瘫痪倒伏，俗称"冒顶"导致严重减产或失收。

（一）褐飞虱

只取食水稻。成虫和若虫群集稻丛基部吸汁为害，唾液中分泌有毒物质，因而稻株不仅被吸食耗去养分，而且在虫量大时，引起稻株基部变黑、腐烂发臭，短期内水稻成团、成片死秆倒伏，导致严重减产或绝收。其吸汁或产卵造成的伤口，有利水稻小球菌核病的侵染并助长其扩展。褐飞虱抗寒力弱，冬季低温和食料是限制其越冬的两个关键因子。成虫具趋光性、趋嫩绿习性，处于分蘖盛期、乳熟期且生长嫩绿茂密的稻田中虫量大。卵多产在水稻叶鞘肥厚部分的中部。褐飞虱发育适温为24～28℃，相对湿度80%以上。"盛夏不热、晚秋不凉"，是大发生的气候条件。褐飞虱重要天敌有稻虱缨小蜂、褐腰赤眼蜂等卵期寄生天敌；若虫和成虫期寄生天敌有螯蜂、线虫、白僵菌等。捕食性天敌有多种稻田蜘蛛、黑肩绿盲蝽、蝇蝽等，对其发生有重要抑制作用。

（二）白背飞虱

主要为害水稻，也可为害小麦、玉米、甘蔗等。以成虫、若虫群集在稻茎秆茎部刺吸汁液，成虫产卵时可划破茎叶组织，严重时导致死秆倒伏。还可传播水稻黑条矮缩病。我国大多数稻区的初次虫源都是从南方热带稻区迁飞而来。成虫平时多在水稻茎秆和叶背取食，有趋光性和趋嫩绿习性。卵多产于水稻叶鞘肥厚部分的组织中，也有的产于叶片基部中脉内。若虫多生活于稻丛下部。白背飞虱对温度适应性较强，30℃或15℃时都可正常生长发育。对湿度要求较高，以相对湿度80%～90%为宜。一般初夏多雨、盛夏干旱是大发生的预兆。可取食各生育期的水稻，但以分蘖盛期至孕穗抽穗期最为适宜。凡密植增加田间荫蔽度、田间湿度高，多施和偏施氮肥，不适时搁田、烤田，尤其是长期淹水的稻田，白背飞虱发生为害都较重。天敌种类与褐飞虱基本相同，对其发生量影响很大。

（三）灰飞虱

寄主广泛，除水稻外，还有麦类以及看麦娘、游草、稗等禾本科杂草。以成、若虫刺吸汁液为害，并传播多种病毒病。若虫在麦田、绿肥田、田边、沟边、塘边的看麦娘及游草上越冬。成虫具趋光性和趋嫩绿习性。成虫和若虫常栖息于稻株下部。灰飞虱耐寒畏热，最适温度为23～25℃，夏季高温对其极为不利，成为虫量增长的限制因子。大量偏施氮肥或施肥过迟，使稻苗生长过分嫩绿，会引诱成虫产卵。

对稻飞虱的防治，要充分利用农业增产措施和自然因子的控害作用，创造不利于害虫而有利于天敌繁殖和水稻增产的生态条件，在此基础上根据具体虫情，合理使用高效、低毒、残效期长的农药进行防治。

（四）综合防治措施

1. 农业防治

一是选用抗（耐）虫品种；二是合理施肥，控制氮肥，增施磷钾肥，巧施追肥，防止水稻前期猛发，后期贪青晚熟，增加株体的硬度，避开稻飞虱的趋嫩性，减轻危害；三是合理灌溉，浅水栽秧，寸水分蘖，适时烤田，深水孕穗，湿润灌浆，促使水稻植株生长健壮，增强抗性；四是合理密植，改善田间小气候，提高水稻抗病能力。

2. 生物防治

一是保护天敌，稻飞虱在稻田中能被许多天敌捕食或寄生，如各种蜘蛛、青蛙捕食成虫、若虫，黑肩绿盲蝽吸食稻飞虱卵，各种稻虱缨小蜂寄生于稻飞虱卵，各种螯蜂寄生于稻飞虱若虫。这些天敌对抑制稻飞虱的发生可以起到一定作用。在使用农药时，要注意选择对天敌杀伤力小的中、低毒农药品种，尤其在水稻前期要尽量不使用或少使用农药，以减少对天敌的杀伤；二是稻田养鸭，根据稻田虫害"两查两定"的结果，掌握在稻飞虱若虫盛发期以及螟虫、稻纵卷叶螟成虫始发期至盛发期，在稻田放鸭防治，不仅对稻飞虱有显著的控制效果，而且由于鸭子的践踏，稻田中杂草也极少，收到了治虫除草的双重效应。

3. 药剂防治

采取"压前控后"和狠治主害代的防治策略，在成虫迁入高峰期或在若虫孵化高峰至 2～3 龄若虫发生盛期，即每百丛虫量 500 头（水稻生长前中期）～800 头（水稻生长中后期）开始用药防治。常用药剂有：10%吡虫啉可湿性粉剂、25%扑虱灵可湿性粉剂、5%锐劲特胶悬剂、25%噻嗪酮可湿性粉剂、50%吡蚜酮可湿性粉剂、80%敌敌畏乳油、40%毒死蜱乳油等。施药时要用足水量，喷药重点部位为水稻中下部，喷药时要将水稻中、下部打透，施药后田间要保持寸深浅水层 3～

5d。要抢晴施药，施药后要有 4h 无雨，即可保证较好的防治效果。

四、稻蓟马

为害水稻的蓟马，以稻蓟马和稻管蓟马发生最为普遍。稻蓟马寄主有稻、麦、游草、稗、看麦娘等，稻管蓟马除上述寄主外，还可在玉米、高粱、甘蔗、烟草、豆类上寄生。稻蓟马成、若虫锉吸叶片，吸取汁液，轻者出现花白斑，重者使叶尖卷褶枯黄，远看像火烧一样。受害严重者秧苗返青慢，萎缩不发。稻管蓟马主要为害穗粒和花器，引起籽粒不实。若危害心叶，常引起叶片扭曲，叶鞘不能伸展，还破坏颖壳，形成空粒。

稻蓟马在我国南方可终年繁殖为害，江淮稻区一年发生 10～14 代，以成虫在看麦娘、李氏禾、芒草、麦类及稻桩上越冬。3 月中旬，成虫开始活动，先在麦类及禾本科杂草上取食、繁殖，4 月下旬水稻秧苗露青后，成虫大量迁往稻秧上，在水稻秧田及分蘖期稻田为害、繁殖，至 7 月中旬后，气温升高，水稻圆秆拔节后，虫口数量急剧下降，大都转移到晚稻秧田为害，以后再转移到麦苗和禾本科杂草的心叶或叶鞘间生活，11 月底成虫进入越冬。成虫性活泼，迁移扩散能力强，水稻出苗后就侵入秧田。天气晴朗时，成虫白天多栖息于心叶及卷叶内，早晨和傍晚常在叶面爬动。雄虫罕见，主要营孤雌生殖。卵散产于叶面正面脉间的表皮下组织内，对着光可见产卵处为针尖大小的透明小点。秧苗 4～5 叶期卵量最多，本田多产于水稻分蘖期，圆秆拔节后卵量减少。初孵若虫多潜入未展开的心叶、叶鞘或卷叶内取食。自第 2 龄起大部分群集在叶尖上为害，使叶尖纵卷枯黄。3、4 龄隐藏在卷缩枯黄的叶缘和叶尖内，不再取食，也不大活动，直至羽化。稻蓟马不耐高温，最适宜温度为 15～25℃，18℃时产卵最多，超过 28℃时，生长和繁殖即受抑制。所以在长江流域 6 月、7 月发生多，为害重，尤以此 2 月气温偏低的年份易大发生。

由于稻蓟马很小，一般情况下，不易引起人们注意，只是当水稻严重受害而造成大量卷叶时才被发现，因此，要及时检查，把稻蓟马消灭在幼虫期。稻蓟马的综合防治措施如下所述。

（一）农业防治

培育壮秧，提高耐虫能力；冬春铲除田边、沟边杂草，减少虫源基数；栽插后加强管理，促苗早发，适时搁田，提高植株耐虫能力；对已受害的田块，增施一次速效肥，恢复秧苗生长。

（二）药剂防治

一是药剂拌种，用35%丁硫克百威种子处理剂拌种，用药量为干种子重量的0.6%～1.1%，在常规方法浸种后拌匀药剂，然后踏谷播种；二是药剂浸秧，在移栽前，把受害秧苗的上半部，放入40%乐果或90%敌百虫的1 000倍液浸1分钟，再堆闷1h后栽插；三是加强防治，防治策略是"狠治秧田，巧治大田；主攻若虫，兼治成虫"。在若虫发生盛期，当秧田百株虫量200～300头或卷叶株率10%～20%，水稻本田百株虫量300～500头或卷叶株率20%～30%时，要进行药剂防治。常用的药剂有：40%乐果乳剂、4.5%高效氯氰菊酯乳油、3%呋喃丹颗粒剂、25%双硫磷或杀螟松乳油、5%锐劲特悬浮剂、1.8%爱比菌素乳油等。施药后要保持水层。防治稻蓟马后要补施速效肥，促使秧苗和分蘖恢复生长。

五、三化螟

三化螟为单食性害虫，只为害水稻，由卵块孵出的蚁螟，很快钻入稻株内，蛀茎为害，不像二化螟幼虫群集为害一段时间再分散。分蘖期为害产生枯心苗，孕穗期至抽穗期为害形成枯孕穗或白穗，严重的颗粒无收。三化螟为害造成枯心苗，苗期、分蘖期幼虫啃食心叶，心叶受害或失水纵卷，稍褪绿或呈青白色，外形似葱管，称作假枯心，把卷缩的心叶抽出，可见断面整齐，多可见到幼虫，生长点遭破坏后，假枯心变黄死去成为枯心苗，这时其他叶片仍为青绿色。受害稻株蛀入孔小，孔外无虫粪，茎内有白色细粒虫粪。别于大螟、二化螟为害造成的枯心苗。江浙地区发生3代，幼虫均在稻桩内越冬，三化螟初孵幼虫的钻入时机与水稻生育期关系密切，一般分蘖期、孕穗期的叶鞘薄，叶脉间距宽，幼虫易钻入，成活率高，常称之为危险生育期。若水稻分蘖期或孕穗期与三化螟卵孵化期相遇，则造成的为害程度加大。三化螟的综合防治措施如下所述。

（一）农业防治

一是处理稻桩。稻桩是三化螟幼虫越冬的唯一场所，秋种前耕翻土壤，将稻桩翻埋入土，可消灭部分幼虫；二是杜绝虫源。绿肥留种田是三化螟越冬幼虫的主要虫源田，应选择无螟害或螟害轻的田块作为绿肥留种田；三是灌水灭蛹。冬作田和绿肥田可采用灌跑马水的办法，杀死大部分越冬幼虫。冬闲田及时春耕灌水，淹没稻桩7～10d，可杀死越冬幼虫和蛹；四是栽培避螟。要抓好三个环节：即要因地制宜地改革水稻耕作制度，合理安排茬口布局，避免混栽，减少螟虫上、下代的"桥梁田"。要调节水稻栽插期，使易受螟害的危险生育期和蚁螟孵化期错开，以避免或减轻螟害。要选用生育期适中的良种，提高种子纯度，合理施肥，加强水浆管理，使水稻生长发育整齐一致，均可起到减轻螟害的作用。

（二）生物防治和物理防治

一是保护利用天敌。避免施用高毒农药，保护利用青蛙、蜘蛛、燕子、隐翅虫等天敌，释放稻螟赤眼蜂、黑卵蜂和啮小蜂等；二是放鸭吃虫。实行稻鸭共作技术，鸭子可捕食大部分飞虱、螟虫、金龟子等害虫；三是用频振式杀虫灯诱杀成虫。每50亩安装频振式电子杀虫灯一盏，可大大减少螟虫数量；四是用性诱剂诱杀成虫。发蛾高峰期每亩放置性诱捕器一个，诱杀成虫，减少产卵，降低为害。

（三）药剂防治

一是防治枯心。根据分蘖期与蚁螟盛孵期相遇时间的长短决定防治次数。相遇时间在10d以内，在蚁螟孵化高峰前1～2d施药1次；相遇时间超过10d需用药2次，第一次在卵孵化始盛期施药，隔5～7d再施第二次药。根据田块内卵块密度决定普治还是挑治。每亩卵块数超过30块的田块，全田用药防治；不足30块的田块"捉枯心团"，即在卵孵化高峰后几天，在受为害的青枯心苗周围施药。二是防治白穗。在卵盛孵期内，破口期是防治白穗的最好时期。"按早破口早用药，晚破口晚用药"的原则，一般在破口露穗5%～10%时施药1次。如螟虫大发生，蚁螟孵化期长，或者水稻孕穗抽穗期长，需增加防治次数，两次施药的间隔期4～5d。常用的药剂有：氟虫腈、毒死蜱、三唑磷、阿维菌素、杀虫单、杀虫双等。施药应在晴天的傍晚或阴天露水干后，施药时要用足水量，喷洒要均匀，不留空白，确保防治效果。

六、大螟

幼虫为害稻、麦、玉米、甘蔗、高粱、茭白、向日葵等，为害症状与二化螟基本相似。幼虫蛀入稻茎为害，也可造成枯梢、枯心苗、枯孕穗、白穗及虫伤株。但大螟为害的蛀孔较大，并有大量虫粪排出蛀孔外，又别于二化螟。大螟为害造成的枯心苗，蛀孔大、虫粪多，且大部分不在稻茎内，多夹在叶鞘和茎秆之间，受害稻茎的叶片、叶鞘部都变为黄色。大螟造成的枯心苗田边较多，田中间较少，别于二化螟、三化螟为害造成的枯心苗。但在田边杂草繁茂的田块，全田均有大螟分布，而非仅限于近田埂区域。成虫白天潜伏于杂草丛中或稻丛基部，夜晚飞出活动，趋光性弱。幼虫孵化后，群集于叶鞘内侧为害，造成枯鞘，2～3龄后，分散蛀入邻近稻株的茎秆。多从稻株基部3～4节处蛀入，造成枯心苗或白穗。幼虫为害多不过节，一节食尽即转株为害，一头可为害3～4株。幼虫老熟后，多在稻茎或枯叶鞘内化蛹。大螟的综合防治措施如下所述。

（一）农业防治

有茭白的地区要在冬季或早春齐泥割除茭白残株，铲除田边杂草，消灭越冬螟虫。

（二）生物防治和物理防治

方法同三化螟。

（三）药剂防治

根据大螟趋性，早栽早发的早稻、杂交稻以及大螟产卵期正处在孕穗至抽穗或植株高大的稻田是药剂防治之重点。防治策略狠治一代，重点防治稻田边行。生产上当枯鞘率达5%或始见枯心苗为害状时，大部分幼虫处在 1～2 龄阶段，及时喷药防治。每亩可用 18% 杀虫双水剂 250ml 对水 50～75kg，或 90% 杀螟丹可溶性粉剂 150～200g 或 50% 杀螟丹乳油 100ml 对水喷雾，也可用 90% 晶体敌百虫 1008 加 40% 乐果乳油 50ml 对水喷雾。虫龄大于 3 龄时，每亩可用 50% 磷胺乳油 150ml 对水补治。

第三节　主要草害及其防除

水稻田杂草的种类很多，各地杂草发生种类不同，全国稻区约有杂草 200 余种，其中，常见的发生普遍、危害严重的主要杂草约有 40 种，主要杂草中以稗草发生和为害面积最大，其次为异型莎草、鸭舌草、扁秆蔍草、千金子、眼子菜次之。

一、秧田期杂草及其防除

秧田中的杂草主要有稗草、球花碱草、牛毛草、节节菜、矮慈姑等。稗草、球花碱草、牛毛草等，一般在播后 5～7d 陆续发生，播后 10d 左右可以达到出草高峰，播后 25～32d 停止出草。而秧田中的扁秆蔍草、眼子菜等杂草则比稗草等杂草发生略迟，一般在播后 10d 左右开始发生。由于这些杂草有些具有地下块茎或根状茎，其上发生的芽和由种子发生的芽在时间上不同步，并且水层和土层要达到一定深度时方能抑制其营养繁殖。要在种子精选的基础上，针对当地秧田常发生的杂草优势种，选择相应的除草剂加以防除。

（一）播前土壤处理

湿润育秧田在秧板做好后落谷前 2～3d，每亩用 50% 杀草丹乳油 150～250ml，或 12% 恶草灵（恶草酮、农思它）乳油 100～150ml，对水喷雾；或 96% 禾大壮（禾草敌）乳油 100～180ml，拌细潮土 10～15kg，撒施全田。施药时田间应有浅水层，药后保水 2～3d，然后排水落谷。

（二）播后处理

水稻秧田如果出苗后杂草发生多，就要根据出苗前化学防除情况及田间杂草发生种类选择用药。用药时田间应灌浅水，并在用药后保水3～4d。常用的药剂可选择下列任何一种施用。

杀草丹：氨基甲酸酯类除草剂，主要防除稗草、牛毛草、球花碱草、千金子等，在水稻秧苗1叶1心至2叶1心时，稗草在2叶期以前，每亩用50%杀草丹乳油100～150ml，对水均匀喷雾。用药量随稗草叶龄大小而变化，叶龄小时用量少。杀草丹对稗草3叶期之前控制最好。

禾大壮（禾草敌）：主要防除稗草、牛毛草、球花碱草等。对各种生态型1～4叶期的稗草均有效，高剂量下可控制3～6叶期稗草。在秧苗2叶1心时每亩用96%禾大壮乳油100～150ml，拌细潮土10～15kg，撒施全田。施药时田间要有水层，保水6～7d。当稗草大至4～5叶期时，每亩用药量可增至150～200ml，并相对提高水层。

扫弗特（丙草胺）：2-氯代乙酰替苯胺类除草剂，是细胞分裂抑制剂，主要防除稗草、千金子、异型莎草、牛毛草、窄叶泽泻、水苋菜、鸭舌草、萤蔺、繁缕等杂草。在秧田应用于播种后2～4d，每亩用30%扫弗特乳油75～125ml，对水或混细土进行处理。应当注意的是，播种的稻谷必须是催芽稻谷，播种后根芽正常，种子根能及时扎入土壤中，忌有芽无根。

苄嘧磺隆（农得时、稻无草）：磺酰脲类除草剂，是侧链氨基酸合成抑制剂，主要用于防除球花碱草、扁秆藨草、萤蔺、水草、牛毛草、矮慈姑、眼子菜、水苋菜、节节菜、鸭舌草等一年生和多年生阔叶杂草和莎草科杂草，对稗草等禾本科杂草防效差。苄嘧磺隆对萌芽至2叶期的杂草均有效。于播后至杂草2叶期，每亩用10%苄嘧磺隆可湿性粉剂15～20g，对水喷雾或混细泥土撒施。如防除多年生阔叶草和莎草科杂草，每亩用量应增加（不得超过25g）。

千金：有效成分为氰氟草酯，是一种芳氧苯氧丙酸类、内吸传导型禾本科杂草除草剂，主要用于防除稗草、狗尾草、千金子、双穗雀稗、马唐、牛筋草等禾本科杂草。千金是茎叶处理剂，药液直接喷到杂草茎叶上才能发挥药效，因此，施药前要排干秧田水层，施药后 24~48h 内灌水，防止新杂草萌发。于播后至稗草 1.5~2 叶期，每亩用 10% 千金乳油 40~60ml，对水 10~15kg 茎叶喷雾，雾滴要细喷雾要均匀，要彻底。干燥情况下应酌量增加用量。在可喷匀条件下，喷液量尽量用低量。千金不宜用作土壤处理（毒土或毒肥法）。

稻杰：有效成分为五氟磺草胺，是一种磺酰胺类、内吸传导型广谱除草剂，主要用于防除稗草、异型莎草、鸭舌草、雨久花、狼巴草、节节菜、野慈姑、陌上菜等杂草，但对千金子无效。稻杰通过杂草的叶片、茎和根吸收，秧田期使用只能采取茎叶喷雾的方法。于播后至稗草 1.5~2.5 叶期，每亩用 2.5% 稻杰油悬浮剂 33~46ml 对水 10~15kg 茎叶喷雾，喷雾要均匀砌底。施药前要排干秧田水层，施药后 24~48h 内灌水，防止新杂草萌发。

二、本田期杂草及其防除

大田中杂草发生高峰出现的早迟与田间优势杂草种类有直接关系。一般在移栽前至移栽后 10d 以稗草和一年生阔叶杂草及莎草科杂草为主；移栽后 10~25d，则以扁秆藨草等多年生莎草科杂草和眼子菜等阔叶杂草为主。

（一）移栽前施药处理

在移栽前 2~3d，每亩用 12% 恶草灵乳油 125~150ml 或 50% 杀草丹乳油 100~150ml，对水喷雾或用药瓶装药（稀释 10 倍）甩施。施药时田间浅水，药后插秧时不排水，保水 3~4d。

（二）移栽后施药处理

施药期大多在移栽后 5~7d 进行。常用的药剂可以选择以下任何一种施用。

杀草丹：每亩用 50% 杀草丹乳油 200~250ml，对水 30kg，于移栽后 4~5d 喷雾，保水 7d，主要防除稗草等一年生杂草。

恶草灵：每亩用 12% 恶草灵乳油 100~120ml，对水 30kg 喷雾。

禾大壮：栽后 5～7d，每亩用 96% 禾大壮 100～150ml，混土撒施。

灭草松（苯达松、百草克）：触杀型除草剂，以阔叶草、莎草科杂草为主的稻田施用，在移栽后 15～20d，待杂草 4 叶期前，每亩用 25% 灭草松水剂 300～400ml，对水 30～40kg，均匀喷雾处理杂草茎叶，要求喷药前将田水排干，用药后次日灌水。

扑草净（扑灭通）：三嗪类除草剂，可芽前芽后使用，主要防除一年生双子叶和单子叶杂草如眼子菜、四叶萍、鸭舌草等。于水稻移栽后 20～25d，田间眼子菜由红转绿时，每亩用 50% 扑草净可湿性粉剂 30g，拌细土 15～20kg，均匀撒施。施药时田间要有浅水层，施药后保水 5～7d。用药量不宜过大，施药要均匀，应在田间露水干后或水稻叶部无水的情况下施药，否则易产生药害。

苄嘧磺隆（农得时、稻无草）：磺酰脲类除草剂，对大多数一年生和多年生阔叶杂草和莎草科杂草防效较高，但对禾本科杂草防效较差。每亩用 10% 苄嘧磺隆（农得时）可湿性粉剂 15～20g 对水喷雾或混细土撒施。

吡嘧磺隆（草克星、水星、韩乐星）：磺酰脲类除草剂，用于防除移栽或直播田阔叶杂草和莎草，对水稻安全，可有效防除泽泻、异型莎草、水莎草、萤蔺、鸭舌草、水芹、节节菜、瓜皮草、慈姑、眼子菜、稗草等。每亩用 10% 吡嘧磺隆可湿性粉剂 10～15g，对水喷雾或拌细土撒施。

千金：在稗草 2～4 叶期，每亩用 10% 千金乳油 60～80ml，对水 30～40kg 茎叶喷雾。千金对大龄稗草、稻稗、千金子防除效果非常好，防治大龄杂草时应适当加大用药量。施药前要排水，使杂草茎叶 2/3 以上露出水面，施药后 24～48h 灌水，防止新杂草萌发。千金属迟效性除草剂，用药后 10～15d 杂草表现药害症状。千金与部分阔叶除草剂混用时有可能会表现出拮抗作用，表现为千金药效降低。如需防除阔叶草及莎草科杂草，最好施用千金 7d 后再施用除阔叶草除草剂。

稻杰：对大龄稗草、稻稗效果好，并同时能防除多种阔叶杂草。施药量按稗草密度和叶龄确定，一般 1～3 叶期稗草，每亩用 2.5% 稻杰

油悬浮剂 40 ~ 60ml，或 3 ~ 5 叶期，每亩用 60 ~ 80ml，对水 15 ~ 30kg
茎叶喷雾。施药前排水，使杂草茎叶 2/3 以上露出水面，使茎叶喷雾的
药液能有效接触杂草表面，保证效果。施药后 24 ~ 48h 内灌水，保水
5 ~ 7d，维持水层深度 3 ~ 5cm。稗草密度大时使用上限用药量。稗草叶
龄超过 5 叶时应适当增加药量。稻杰也可以作毒土/毒肥法用，但毒土/
毒肥法使用剂量需提高（一般同期防治用量要比茎叶喷雾法高出 20ml/
亩）。

三、直播稻田杂草及其防除

直播稻作为轻型栽培技术，深受广大农户欢迎。但直播稻田杂草发
生早、种类多、发生时间长、萌发高峰多、发生量大、密度高、种群组
合复杂，防除困难，常常因发生草害而减产，甚至因草荒而绝收，对水
稻生产构成严重威胁。因此，直播稻田杂草防除的成功与否，直接影响
产量高低。

（一）杂草发生特点

直播稻田杂草与水稻共生时间长，杂草一般先于水稻种子萌发，与
水稻同步生长。

1. 杂草种类多，种群组合较复杂

直播稻田杂草种类常见的达 20 余种，其中，优势种杂草有稗草、
千金子、牛筋草、马唐、杂草稻、鸭舌草、鳢肠、陌上菜、水苋菜、节
节菜、水莎草、异型莎草、碎米莎草、野荸荠、牛毛毡、眼子菜、野慈
姑、铁苋菜、水花生、日照飘拂草等。旱直播稻田杂草种类比水直播稻
田多。杂草种群有稗草—千金子、稗草—千金子—异型莎草、稗草—陌
上菜—野荸荠—水苋菜、稗草—鸭舌草、千金子—鸭舌草—异型莎草、
鸭舌草—水莎草—稗草等。

2. 群体密度高，禾本科杂草比重大

直播稻田杂草自然萌发量大，发生密度较高。一般水直播稻田杂草
自然萌发密度 180 ~ 400 株/m²，其中，禾本科杂草、阔叶杂草和莎草科
杂草分别约占 50%、35%、15%；旱直播稻田杂草发生一般重于水直

播稻田，其杂草自然萌发密度达 270 ~ 700 株/m²，其中稗草、千金子分别达 150 株/m²、90 株/m² 左右。

3. 出草时间长，呈现多个萌发高峰

直播稻田杂草从水稻播种开始萌发，出草持续时间可达 50 ~ 60d。水直播稻田一般表现 3 个出草高峰，水稻播后 5 ~ 7d 出现第 1 个出草高峰，以稗草、千金子、鳢肠为主；播后 15 ~ 20d 出现第 2 个出草高峰，主要是异型莎草、陌上菜、节节菜、鸭舌草等莎草科杂草和阔叶杂草；播后 20 ~ 30d 部分田块出现第 3 个出草高峰，以萤蔺、水莎草为主，还有少数阔叶杂草。旱直播稻田一般在播后 5 ~ 7d 土表杂草种子开始大量萌发；播后 10 ~ 15d 杂草进入萌发高峰期。

（二）杂草防除技术

针对直播稻田杂草发生早、发生量大、与水稻共生期长的特点，应坚持以"化学除草为主，农业防除为辅"的综合防除对策，有效控制杂草的发生与为害。

1. 农业防除

一是轮作换茬。改变杂草赖以生存的生态环境，从而达到减轻杂草发生基数的目的。对上年杂草发生重的直播稻田，有条件的区块应改种玉米、蔬菜等旱作物；二是交替采用稻作方式。上年旱直播稻田应改用移栽水稻或水直播稻等稻作方式。避免连年旱直播稻方式，以防止杂草稻、千金子等恶性杂草加重危害；三是翻耕整地。在直播田翻耕以前灌水，使土壤中的杂草种子提前萌发，播种前通过翻耕、犁耙切断杂草茎秆和根系，整田时将杂草深埋或人工捡除，减少杂草发生基数；四是提高播种质量。通过提高播种质量，争取水稻早出苗、出壮苗、壮苗早发，以苗压草，抑制杂草生长；五是精选种子。在水稻播种前应做好精选种子工作，汰除混杂在稻种中的杂草种子，减轻杂草发生基数。

2. 化学防除

要根据田间杂草发生的种类、水稻生长情况，选用安全、高效、广谱的除草剂，严格掌握用药适期，控制药剂用量，选用合适的施药方法。

一是播前化除。对于免耕直播田或前作杂草较多的翻耕直播田，特别是空闲田，应在播前使用灭生性除草剂进行除草，以减少老草的残存量。可选用草甘膦：在水稻直播前 7～10d 对水喷雾施药，每亩用 41% 草甘膦水剂 100～200ml 或 10% 草甘膦 750～1000ml，根据杂草种类和生长密度略有增减。免耕直播田，应在施药后 5～7d 放水泡田，加速杂草腐烂速度，土壤软化后播种。或选用百草枯：在水稻直播前 3～5d 对水喷雾施药，每亩用 20% 百草枯水剂 100～200ml。免耕直播田，应在播种前 7d 施药，药后 3d 左右放水泡田。

二是播后化除。应采取芽前封杀和芽后茎叶处理相结合。对水直播稻田，可采用"一封、二杀"的方法进行防除。一封：亩用 30% 直播宁（苄·丙草）可湿性粉剂 100～120g 或 30% 扫弗特乳油 100～120ml加 10% 苄嘧磺隆可湿性粉剂 10～20g，在经过浸种催芽的稻种播后 2～4d，对水 40kg，采用手动喷雾器均匀喷雾。用药时田面保持湿润而不积水，用药 2d 后正常水浆管理。二杀：亩用 36% 苄·二氯可湿性粉剂40～50g，于秧苗 3 叶期对水均匀喷雾，喷药前排水，喷药后 1～2d 复水，并保水 3～5d，以确保防效；对旱直播稻田，可采用"一封、二杀、三补"的方法进行防除。一封：亩用 36% 水旱灵（丁·恶）乳油130～150ml，于水稻播种窨水后对水均匀喷雾，药后至 1 叶 1 心期保持畦面湿润不积水，遇天旱可灌跑马水。二杀：对未进行土壤处理或封杀效果差的田，于秧苗 3 叶期亩用 36% 苄·二氯可湿性粉剂 50～60g，排干田水后对水喷雾，喷药后 1～2d 复水，并保水 3～5d。三补：在水稻分蘖末期对千金子严重的田，亩用 10% 千金乳油 40～60ml，对水 40kg，采用手动喷雾器均匀喷雾；对稗草严重的田，亩用 2.5% 稻杰（五氟磺草胺）悬浮剂 60～80ml，对水均匀喷雾；对莎草和阔叶草严重的田，亩用 13% 二甲四氯乳油 40～60ml 或 48% 苯达松水剂 120ml，对水均匀喷雾。

在化学防除直播稻田杂草上，要做到以下三点。

① 始终要遵循封和杀的原则，在封（杂草出苗前封闭处理）的基础上再杀灭杂草，才能取得理想防效。

② 要根据田间杂草的防除效果和杂草再生长情况灵活选用防治措施，以降低防治成本和减少农药残留，避免产生药害。

③ 要严格按照说明书使用农药，尤其在使用时期、田间水层要求、安全剂量上要准确，以免产生药害。

参考文献

［1］ 凌启鸿，张洪程，丁艳锋等. 水稻精确定量栽培理论与技术. 北京：中国农业出版社，2007.

［2］ 凌启鸿，张洪程，苏祖芳等. 稻作新理论——水稻叶龄模式. 北京：科学出版社，1994.

［3］ 凌启鸿，张洪程，苏祖芳等. 作物群体质量. 上海：上海科学技术出版社，2000，42-107.

［4］ 朱德峰，石庆华，张洪程. 超级稻品种配套栽培技术. 北京：金盾出版社，2008.

［5］ 张洪程，霍中洋，许轲等. 水稻新型栽培技术. 北京：金盾出版社，2011.

［6］ 凌启鸿，张洪程，丁艳锋等. 水稻丰产高效技术及理论. 北京：中国农业出版社，2005.

［7］ 高广金，万克江，郭子平等. 超级稻高产高效栽培技术. 武汉：湖北科学技术出版社，2013.

［8］ 农业部科技教育司，全国农业技术推广服务中心. 中国超级稻发展报告. 北京：中国农业出版社，2008.

［9］ 张洪程，郭保卫，李杰等. 水稻机械化精简化高产栽培. 北京：中国农业出版社，2013.

［10］ 程式华，廖西元，闵绍楷. 中国超级稻研究背景、目标和有关问题的思考. 中国稻米，1998（1）：3-5.

［11］ 青先国，王学华. 超级稻研究的背景与进展. 农业现代化研究，2001，22（2）：99-102.

［12］黄英金，徐正进．对超级稻研究中几个问题的思考．中国农业科技导报，2004，6（5）：3－7.

［13］黄湛．对超级稻栽培体系的几点看法．西南农业学报，1998，11（1）：27－30.